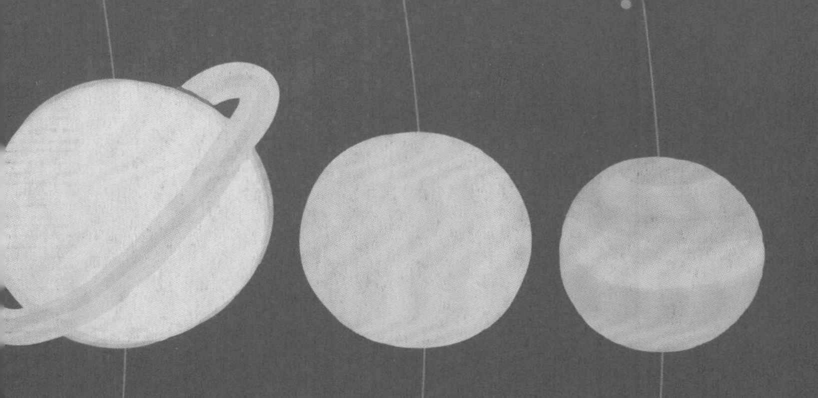

U0339788

EasyNight 著

湖南科学技术出版社

推荐序

天文是一门既遥远又亲近的学科，那些在夜空深处闪烁的群星，也许穷尽数代人的心血也无法真正到达，但人类对星空的观测，自上古时代就开始了。古巴比伦人将不同位置的星群想象成所狩之猎物的形状，于是有了星座的雏形；古埃及人通过观测星空判断尼罗河的汛期从而指导耕作；古代中国更是“三代以上，人人皆知天文。”天文曾经与人类的生活息息相关，却随着科技进步与社会的发展，逐渐从日常中剥离，成为神秘遥远的存在。正因为这样的特性，将“遥远陌生”的天文讲述得平易近人从而引发公众的好奇心，其实是每一位天文科普作者的追求。

本书的作者 EasyNight 也是这些天文科普人中的一员，他们中有天文科普专家也有来自不同行业的天文爱好者，从第一篇天文漫画开始，他们就一直坚持以生动有趣的形式向公众传递天文学知识，让遥远的夜空触手可及。

如果你想知道“当一个天文爱好者是一种怎样的体验”，或许从本书中就会收获一份满意的答案。读者们不但能了解到四季星空的观测要点，明白太阳和月亮在天空中运行的轨迹，更能亲自尝试用自家厨房里的装备创造环形山，模拟彗星运动，或是参考书中的步骤，约上三五个好友同伴，一起到郊外给新买的望远镜“开光”，举办一场别开生面的星空派对。

如同作者的名字“简单夜空”一样，在本书中，你并不会看到一位高高在上的老师一板一眼地讲述天文知识，而是会看到一只白胖的 EN 菌，站在它心爱的望远镜旁向你挥手大喊：“嘿你来啦？瞧这，有意思吧～”EasyNight 身体力行地告诉我们：天文知识值得学习，天文观测的趣味更值得分享；星空并不遥远，只要你愿意抬头看天。

我诚挚地向各位读者推荐本书，它是我这几年见过的最简洁实用的一本星空观测指南，也是一部极具生活气息的赏星小品。哦对了，请不要因为它活泼的画风就认为这是一本专门给孩子们看的天文科普书籍。只要你跟我一样，对群星充满向往，不论处于什么样的年纪，这本书也同样适合你。在亘古无垠的星空之下，我们都是孩子。

北京天文馆研究员、前馆长

作者介绍

大家好，我是 EasyNight，诞生于 2015 年 1 月 1 日，是一个用漫画讲天文的新媒体科普团队。我们一直坚持原创漫画，用最通俗有趣的方式传播天文知识，引导公众抬头看天，欣赏简单又美丽的天文现象。团队主创人员包括北京天文馆和果壳网的科普专家、清华大学天文学博士，以及擅长绘制可爱插画的天文爱好者。参与本书创作的团队成员有：马劲、黄滕宇、牛田、林子轩、魏凡、法逍。在微博和公众号搜索 EasyNight 就可以找到我了！

目录

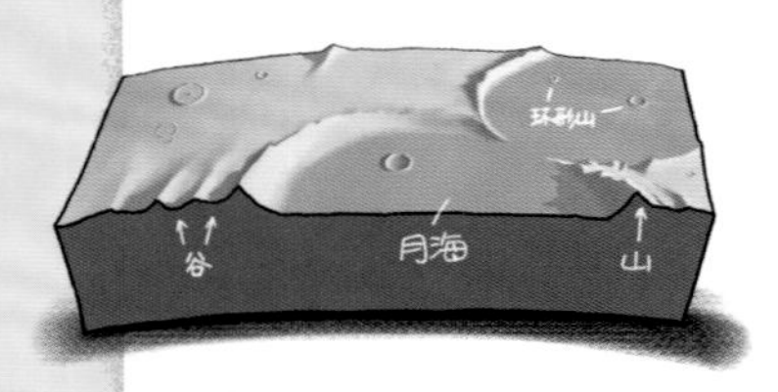

5 恒星

6 四季星空

7 夜空深处

8 走，去观星!

1

太阳

观察太阳

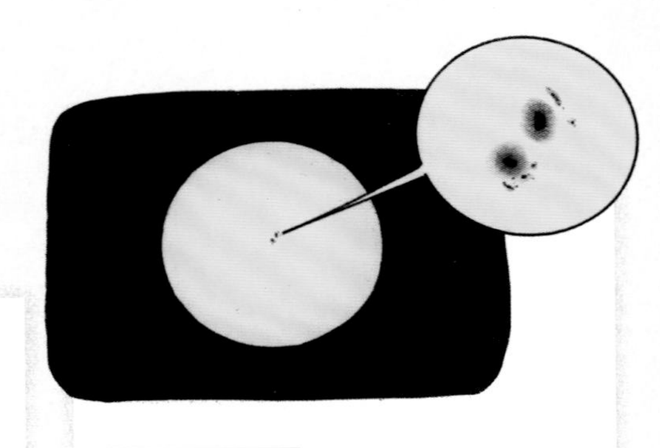

安全地看太阳

太阳光十分强烈，在没有保护措施时，是不可以直接看太阳的。即使是用墨镜、光盘、胶片这些东西遮光，都无法真正保护你的眼睛。

看太阳的正确方法，是使用巴德膜。它是一张银色的薄膜，能够将阳光减弱到差不多十万分之一。使用望远镜观测或用照相机拍摄太阳时，一定要把巴德膜挡在镜头的前面并且固定结实，防止被风吹掉或者不慎碰掉。

除了巴德膜之外，还可以使用投影法观测太阳，在望远镜的目镜端用一块白板接收阳光，就能将太阳投影在白板上，呈现一个清晰的图像。

太阳黑子

太阳黑子是太阳表面最容易看到的壮观现象。黑子的温度比周围低 1500 ℃左右，它呈现黑色仅仅是因为跟周围的反差，实际上它们仍然亮得刺眼。用望远镜观察黑子，可以看到中间最黑的地方是黑子的本影，在本影周围还有呈丝状或羽状的半影。

如何看日珥

日珥是太阳表面喷出的火舌，要想看到它要使用一种特殊的望远镜——日珥镜。

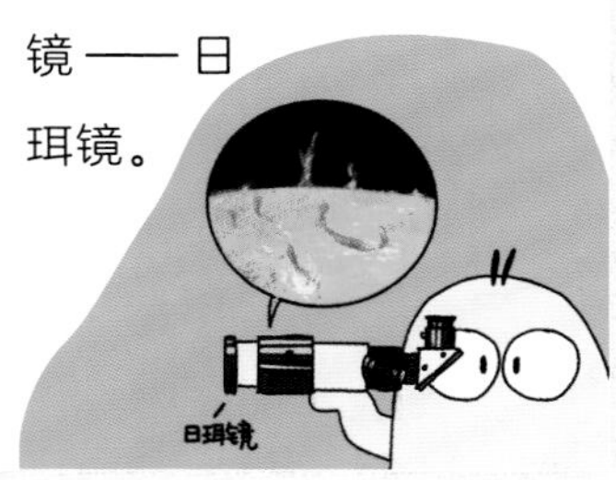

一圈暗边

在相机镜头的前面安装一片巴德膜，对着太阳拍张照，可以发现，太阳的亮度其实并不均匀。周围的一圈，显得昏暗一些，这就是太阳的临边昏暗现象。

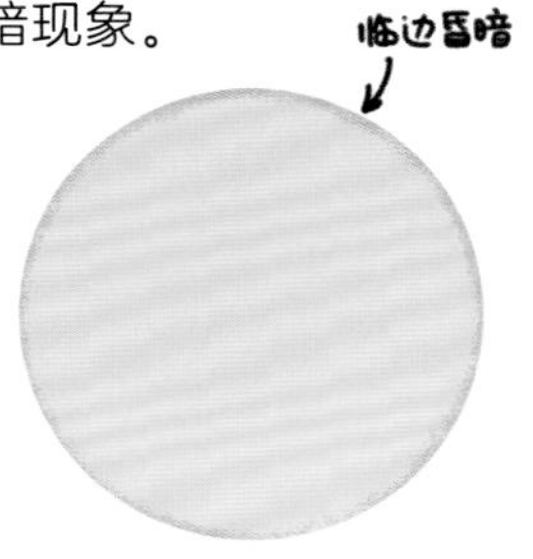

这是因为越靠近边缘的光，穿过的太阳大气越厚，被太阳表面的气体吸收得就更多，所以显得更暗。

小孔成像仪看太阳

如果你没有能看太阳的设备，可以自己制作一个。

你需要

① 长纸箱
② 铝箔
③ 白纸
④ 剪刀
⑤ 针

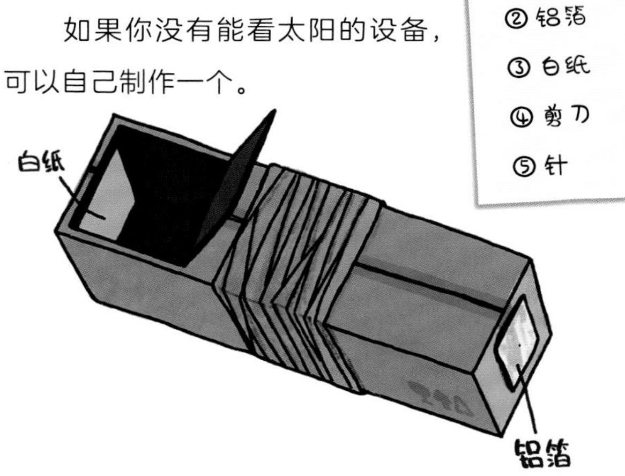

1. 准备一个长纸箱，或者用几个纸箱拼在一起，确保最终长度至少 1.5 m。

2. 在一侧剪一个 5 cm × 5 cm 的孔，用一张铝箔盖住这个孔，粘贴好。

3. 用一根针在铝箔上小心地刺一个小孔，这就是你的“镜头”。

4. 在纸箱另一侧的内部，贴一张白纸，这就是你的屏幕。

5. 在屏幕的上方开一个观察窗，将铝箔镜头对准太阳，你就能在屏幕上看到一个小圆斑了，这个圆斑就是一个太阳的实像。

太阳的行踪

日出，日落

太阳每天升落的位置都有细微差别。对于北半球来说，冬天，太阳升起和落下的位置是东、西偏南，夏天则是东、西偏北。只有春分和秋分这两天，太阳才从正东方升起、正西方落下。

在家里就可以做这个实验：选一个朝东或者朝西的窗户，视野越开阔越好。每天站在一个固定的位置观察太阳升起或落下的地方，把它画在同一张纸上，或者直接用白板笔画在窗户上。坚持一年以后，你就能总结出太阳升落的规律了。

去高纬度地区旅行

如果你在高纬度地区（北纬或南纬55°以上）居住或旅行，就能体验很不一样的冬天或夏天。那里的夏天日落非常晚，甚至整个夜晚天都不会完全黑下来。而冬天则相反，天空总是黑黑的，白天持续不了几个小时。

太阳的“跑道”

地球绕着太阳公转，在我们地球上的人看来，太阳就会相对于遥远的恒星（叫作“背景恒星”）发生移动。地球一年绕着太阳转一圈，太阳就在背景恒星舞台上画出一个圈。这个圈，就叫作“黄道”。知道黄道在哪里很有用，因为日月和行星都是出现在黄道附近的。

黄道的刻度

太阳一年在黄道上走一圈，我们怎么描述它走到哪儿了呢？这就需要给黄道标上“刻度”，这个“刻度”，就叫作黄经。人们把黄道的一圈分为了 360 份，我们可以像测量角度一样，测量太阳在黄道上的位置。太阳所在的黄经与节气有很密切的关系。

黄经与节气

二十四节气是用太阳在黄道上的位置定义的，太阳在黄经 0° 的时候就是春分，15° 时是清明，以此类推。每隔 15° 一个节气，一圈 360°，一共是二十四个节气。

太阳的舞步

太阳“8 字舞”

你见过这样的“太阳 8 字图”吗？太阳每天东升西落，怎么会在天上跳起了“8 字舞”呢？

如果每天在固定时间（比如正午 12 点），相机在同一位置同一角度，拍摄一张太阳的照片，像这样坚持一年的时间，最后把所有的照片叠加在一起，就会出现一个“8”字图案。这就是“日行迹图”。

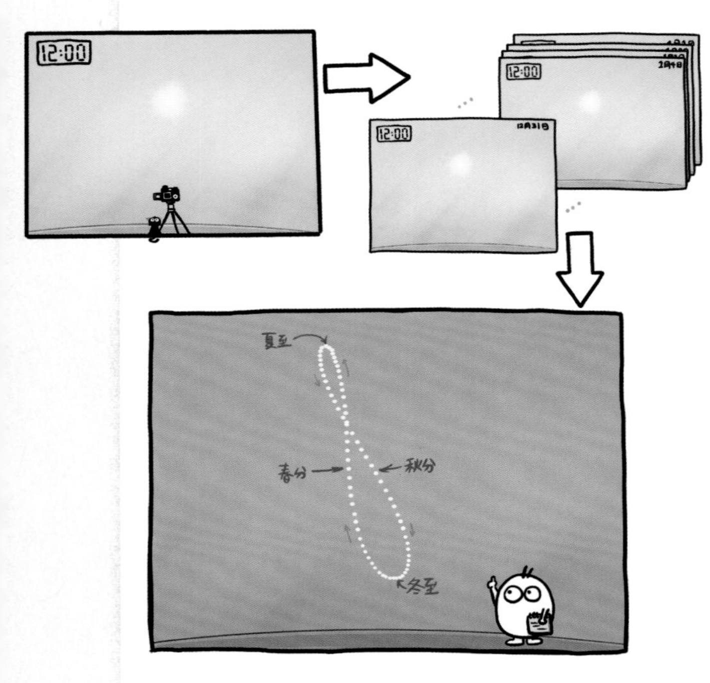

从日行迹找日期

虽然我们把它叫作“行迹图”，但它并不是太阳在天空中真实划过的轨迹。这里面每一个点，都代表一个独立的日期。

以北半球中纬度地区为例，夏至前后，正午的太阳最高；冬至前后，正午的太阳最低。所以，“8”字的上下那两天，分别是夏至和冬至。春分和秋分前后，太阳不高不低，正好走到中间一半高度的位置。

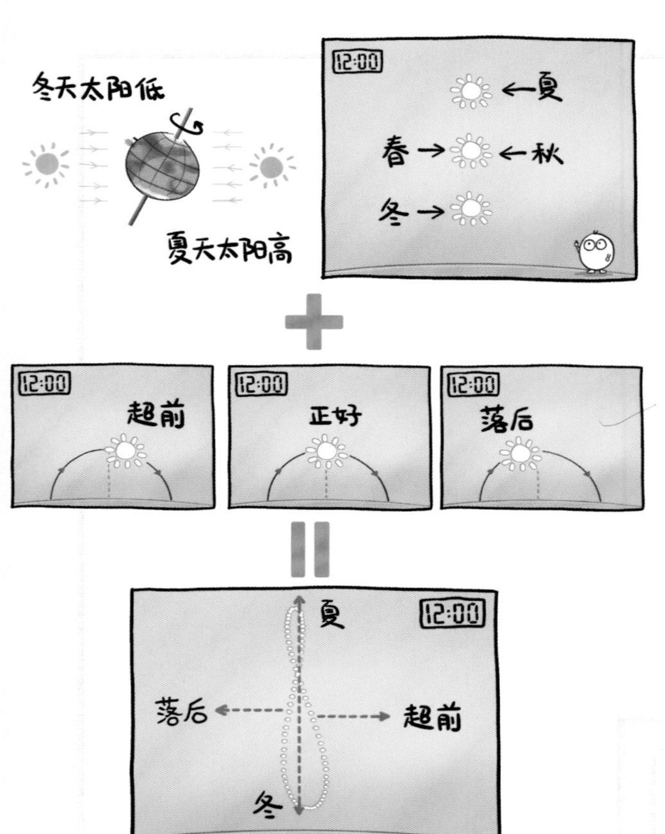

为什么太阳会走出“8”字

有两个原因。一是地球是斜着绕太阳转的，夏天太阳直射北半球，从北半球来看中午太阳就比较高；冬天太阳直射南半球，北半球中午太阳就比较低。 二是地球绕太阳公转的速度也有快有慢，当我们每天按时钟的固定时间拍摄时，太阳有时候超前，有时候落后。这两个因素结合在一起，就产生了太阳 8 字形的舞步。

易拉罐相机拍太阳的轨迹

1. 拿一个易拉罐，剪开一侧，塞一张相纸在里面，用双面胶固定在罐壁上。

2. 用黑纸和黑胶带封住开口，保证不透光，然后在易拉罐壁上正对着相纸处,用针扎一个小孔。

3. 把易拉罐小孔朝向南方，固定在一个阳光不被遮挡、不易碰到又防雨的地方，这个“相机”要在此工作一年。

好了，接下来就是等待了，中途不要移动易拉罐，一年之后把相纸取出，你就能看到太阳在一年中的轨迹了。

分解太阳的颜色

多少种颜色

太阳光看上去是白色的，通过某些介质后，就被分解成了各种颜色的光，这个过程叫作色散。这是因为阳光是由不同颜色的光组成的复色光，而不同颜色的光具有不同的波长，在同一介质里的传播速度不一样，从空气进入其他介质后发生偏折的程度也不一样。我们熟悉的“七色光”——红橙黄绿蓝靛紫，其实是一个连续的光谱，里面包含数不清的颜色。

分解阳光

你需要

① 水盆

② 水

③ 镜子

用下面这个小实验就能把太阳光分解。

1. 准备一个盆，接半盆水。

2. 将一块镜子斜插入水中，搭在盆沿上。

3. 让阳光照射在水上，调整盆的方向，观察墙上的反光。

在合适的角度上，你就能在墙上看到如彩虹一样的光谱了。

七色光之外还有别的吗

先来做一个小实验，你需要上面分解阳光的工具，再加上两个普通的温度计。

1. 用水盆和镜子制作一个分解阳光的装置，将阳光分解为光谱，投射在墙上。
2. 把两个温度计分别放在光谱里面和红色外侧没有光照到的地方，固定不动。
3. 注意观察温度计的变化，看哪个温度计的温度高。

结果意外吗？红色外侧的那个温度计升高得更快，这说明那里有我们看不到的光线，而且加热作用比可见光更强。那就是红外线。据说英国天文学家威廉·赫歇尔就是用这种方法偶然发现了红外线。

看到红外线

人眼看不到红外线，但它在生活中应用广泛，如遥控器、测温仪、夜视仪都用到了红外线。用一个简单的办法可以证明这一点。电视或者空调的遥控器的头部都有一个小“灯泡”，但是似乎从来没有亮过。

打开手机的相机功能，对着相机镜头按动遥控器，在手机屏幕上，你将看到灯泡亮了！

原来手机相机是能接收红外线的，于是你就在屏幕上看到了红外线。

妙用太阳光

太阳能烤面包

你需要
①圆碗、盆
②铝箔
③叉子
④切片面包

在晴朗而干燥的白天，太阳的红外辐射会很强，用简单的工具，就可以利用太阳能来烤面包了。

工具：浅的圆碗或盆、烧烤用的铝箔、叉子、切片面包。

1. 把铝箔覆盖在碗或盆的里面，按压铝箔，使它形成一个光滑的凹面。

2. 把凹面对准太阳，用叉子叉住面包，放在铝箔中心上方，来自太阳的热量会汇聚到那里。

3. 过一会你就能品尝到太阳光烤的面包了。

日晷和圭表

日晷和圭表都是中国古代的发明，它们巧妙利用太阳的影子来计算时间和确定节气。

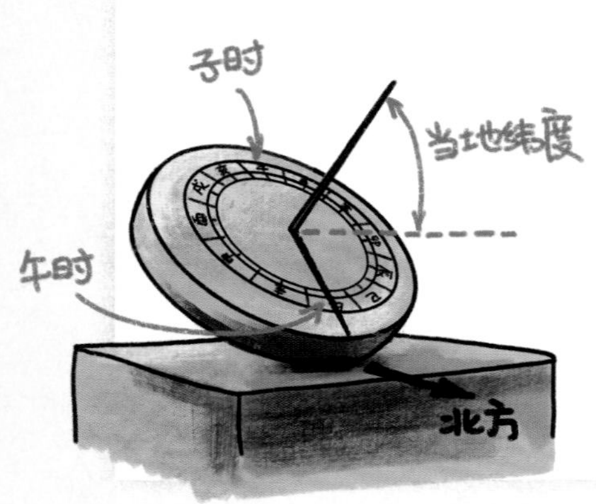

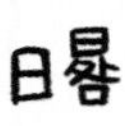

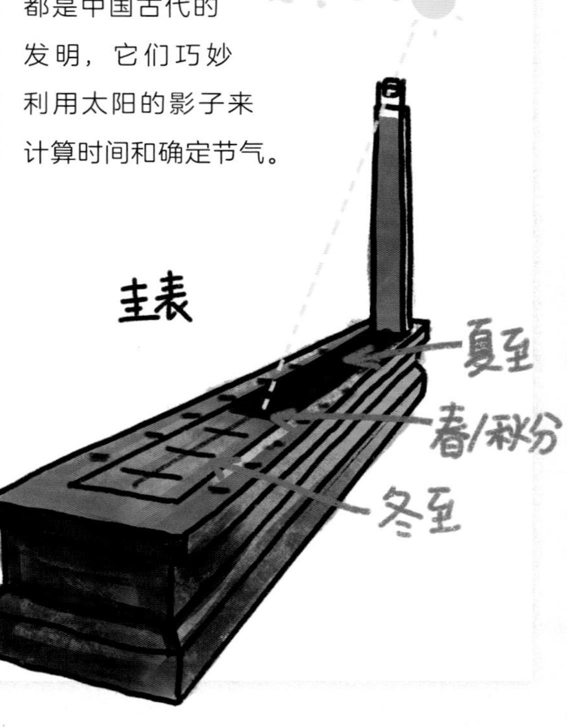

利用影子辨方向

你需要

① 木棍

② 泥巴

③ 石头

这个简单的小实验，可以帮你用随手可得的材料辨别方向。

1. 将一根直木棍垂直插在地上，或者用泥巴固定住。

2. 找一颗小石子放在木棍影子的顶端。

3. 15 分钟后，影子移动到了新的地方，将另一颗石子放在影子的顶端。

好了，连接这两颗石子的线就是东西方向，第一颗石子的方向是西，第二颗石子是东。与这条线垂直的方向就是南和北。

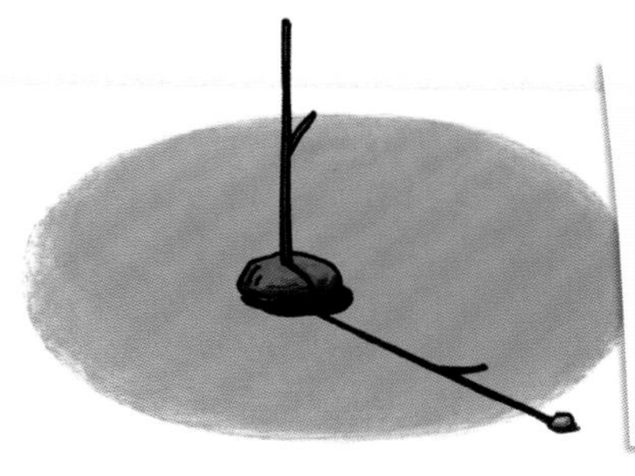

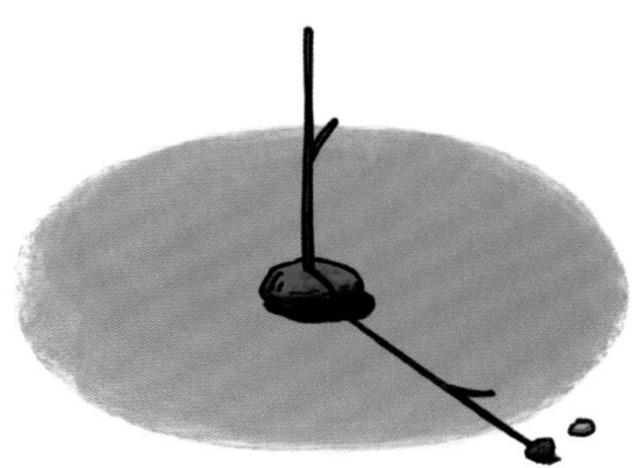

利用手表定方向

如果你带着一块有指针的手表，就可以利用它和太阳迅速确定方向。方法是，把表盘放平，调整手表方向，让时针指向太阳的方向。此时，时针和 12 点的角平分线方向就是南方。

观看日全食

最壮观的天象

要问世界上最壮观的天象是什么，那就非日全食莫属了。在短短的几分钟时间内，太阳被一个巨大的黑影完全遮住，蔚蓝的天空变成幽暗的深蓝，大地仿佛入夜一般。几分钟后，黑影移开，一道美丽的金光闪过后，太阳又恢复了耀眼的光芒。看过日全食的人都会被那场景深深震撼。

日食眼镜

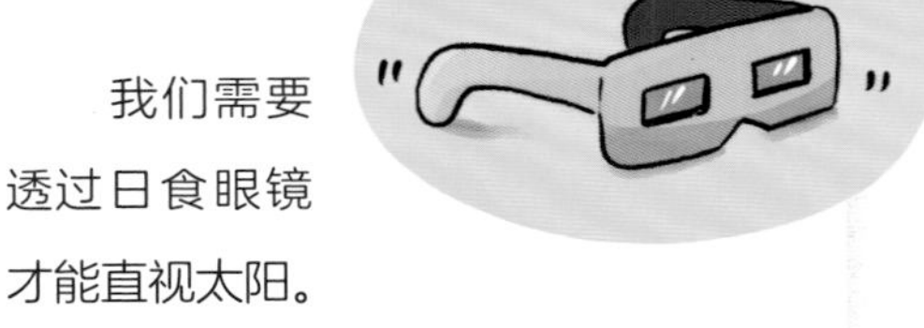

我们需要透过日食眼镜才能直视太阳。

日食眼镜是用巴德膜制作的眼镜，能够保护眼睛，戴上它我们就能安全地观察整个日全食的过程了。直到月亮把太阳全部遮住，我们才能在这短暂的时间里用眼睛直接看太阳。

小孔成像看日食

当太阳被一点点遮住时，注意观察树荫下斑驳的光影，就能看到光斑都变成了残缺的太阳的形状，真是再有趣不过了。这跟小孔成像是一样的原理，像 EN 菌这样用一把漏勺也能达到相同的效果。

贝利珠与钻石环

这是在月亮几乎将太阳全部遮住的一瞬间发生的绝美景象。阳光可能透过凹凸不平的月亮表面缝隙射向大地，就像是一颗或一串光彩夺目的珍珠，有时还像一枚钻石戒指。这种现象，叫作“贝利珠”和“钻石环”。

日全食观星

“白天观星”似乎是不太可能的事情，然而日全食让这成为可能。金星、水星等太阳系里的亮行星，以及那些很亮的恒星，都可能在日全食的天幕中浮现出来。下次观赏日全食时，别忘了数一数星星哟。

全方位的感官体验

如果你有机会欣赏一场日全食，那一定要全方位地感受它。比如，日全食带来的降温效果，可能会引来一阵阵清风拂面；耳朵里可能会听到动物们的奇异叫声（当然，最有可能的是我们人类的一阵阵惊呼）。

追逐日食

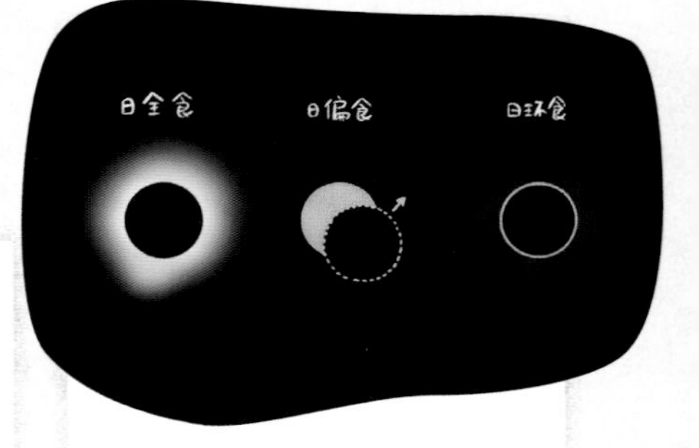

日食的原理

我们之所以能看到日食，是因为月亮正好运行到地球和太阳之间，把自己的影子投到了大地上。站在这片影子底下的人，就会看到太阳被月亮遮住了一部分，就好像被“食”了一般。

日食有哪几种

日食有3种：如果月亮正好遮住了太阳的整个圆盘，那就是日全食；只遮住了边上一部分的，叫日偏食；如果只遮住了中间的一部分，外面露出了一圈太阳，这叫日环食。

日食大乐透

整个地球上，每年都会发生2～5场日食；就连最壮观的日全食，平均每一百年里也有七八十次。但是，每次能够看到日全食的地方只是一个狭长的地带，实在太小了，以至于某些地方的人可能一千年里也看不到一次日全食。

在这张图中，红色和黄色的区域分别是本世纪能看到日全食和日环食的地方，有些地方能发生好几次日全食和日环食，真像中彩票一般幸运，有些地方则一次都看不到。

生日日全食

整理 21 世纪未来年份发生日全食的日期，会发现一个有趣的现象。大部分日期都不会发生日全食，而有的日期就很幸运，能遇上好几次日全食。如果正好在你的生日那天上演一场日全食，那真是最好的纪念了。哪怕日食带远隔万里，都值得去欣赏一次“生日日全食”吧！想知道你的生日能不能看到日全食吗？可以在下面的表里查一查。

生日日全食（2020—2099 年）

日期	日全食年份	可见区域	日期	日全食年份	可见区域
1月5日	2057	大西洋、印度洋	8月2日	2027	非洲北部、亚洲西部
1月6日	2076	南极		2046	非洲
1月16日	2075	太平洋、南美洲	8月3日	2073	南美洲
	2094	南极	8月12日	2026	北极、格陵兰、冰岛、西班牙
1月27日	2093	澳大利亚		2045	美国、南美洲北部
3月20日	2034	非洲、亚洲中西部、中国西藏		2064	太平洋、南美洲
3月30日	2033	俄罗斯、阿拉斯加	8月15日	2091	太平洋
	2052	墨西哥、美国	8月23日	2044	北美洲、格陵兰
4月8日	2024	北美洲	8月24日	2063	中国、蒙古、日本
4月9日	2043	俄罗斯东北部		2082	东南亚、太平洋
4月11日	2070	东南亚、太平洋	9月2日	2035	中国、韩国、日本、太平洋
4月20日	2023	东南亚、大洋洲	9月3日	2081	欧洲、西亚、印度洋
	2042	东南亚	9月12日	2053	非洲北部、西亚、东南亚
	2061	俄罗斯、哈萨克斯坦		2072	北极、俄罗斯
4月21日	2088	非洲、欧洲南部、亚洲中西部、中国	9月14日	2099	北美洲、大西洋
4月30日	2041	非洲	9月23日	2071	北美洲、南美洲
	2060	非洲、亚洲中西部、中国		2090	北极、格陵兰、英国、法国
5月1日	2079	北极、北美洲	10月4日	2089	中国
5月11日	2059	太平洋、南美洲	11月14日	2031	太平洋、巴拿马
	2078	墨西哥、美国	11月25日	2030	非洲南部、澳大利亚
	2097	阿拉斯加、北极		2049	东南亚
5月20日	2050	太平洋	12月4日	2021	南极洲
5月22日	2077	澳大利亚、太平洋	12月5日	2048	南美洲、非洲
	2096	东南亚	12月6日	2067	巴西
5月31日	2068	澳大利亚、新西兰	12月14日	2020	智利、阿根廷
6月2日	2095	非洲	12月15日	2039	南极洲
6月11日	2086	非洲	12月17日	2066	澳大利亚、新西兰
7月13日	2037	澳大利亚、新西兰	12月26日	2038	澳大利亚、新西兰
7月22日	2028	澳大利亚、新西兰		2057	南极洲
7月24日	2055	南非	12月27日	2084	大西洋、印度洋

哪些是彩虹

两条彩虹

彩虹，大家一定都不陌生吧。夏天一场大雨过后，天气转晴，在太阳的对面出现一道七色的光弧，这就是彩虹。有时候，我们还能看到两条弧，一条红色在外、紫色在内，相对亮一些，叫作“虹”；另一条红色在内、紫色在外，略暗一点，叫作“霓”。

圆形的彩虹

彩虹是太阳光照到大气中的水滴，发生折射和反射而形成的。其中，光线偏折后在和我们视线成 42° 左右夹角的位置出射的强度达到最大，所以我们看到的彩虹是半径视角为 42° 的一个圆环。

平时我们看彩虹，这个圆环的下半部分藏到地平线以下去看不到了。如果到高处俯瞰，就能看到完整的彩虹圈。

日华

日华是太阳周围紧挨着太阳出现的一圈圈彩色的光环，红色在外，紫色在内。它是云中的小水滴或冰晶衍射阳光形成的。

宝光

还有一种小圈的彩色光环，通常出现在太阳正对面，有时候里面还会出现观察者的影子。比如我们坐飞机的时候，往窗外太阳对面的云层上看去，也许就能找到这种光环，中间还有飞机的影子。大家一般把这种现象叫作宝光或者佛光，在西方还有个名字叫“布罗肯精灵”。

观测宝光需要具备两个条件：一片合适的云或雾，以及从你背后射向云雾的光源。在飞机和高山上常有机会看到。你也可以“人造”一场宝光：在起雾的夜晚，用车灯射向云雾，再站到车灯的前方望过去就可以啦。

云雾中的白虹

彩虹之所以叫“彩”虹，大概就是因为它美丽的色彩吧。世界上还有一种虹，它几乎是纯白的。它就是在云雾中出现的一种现象，叫作“云虹”或“雾虹”。形成云虹的也是小水滴，只不过比形成彩虹的水滴更小。

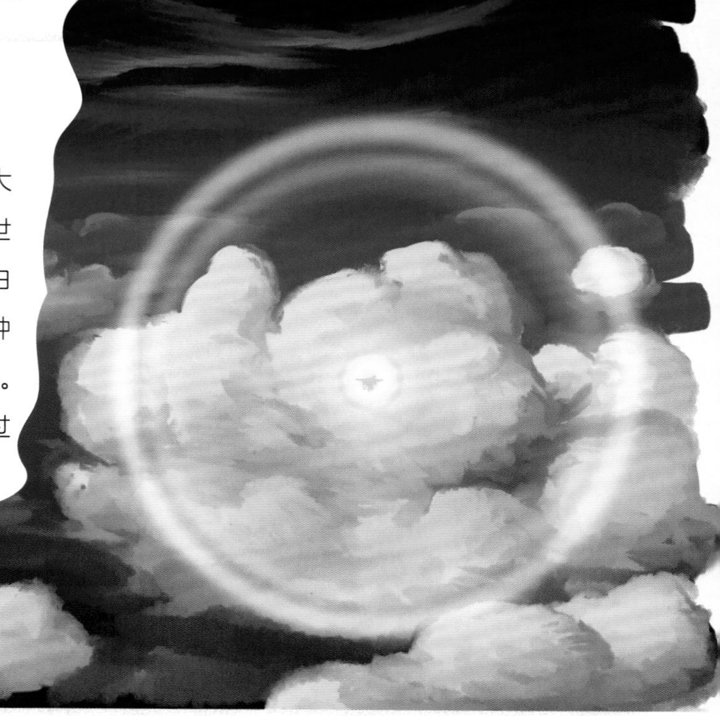

冰晶万花筒

冰晶——大气中的魔术师

日晕、幻日、环天顶弧、环地平弧、外接晕、上切弧、幻日环、日柱……这些你看过或者没看过的神奇现象，都是由冰晶产生的，它们统称为冰晕。下面，就让我们从最常见的现象说起，开启一场短暂的冰晕之旅。

日晕

由柱状冰晶产生，太阳周围一圈半径视角通常为 22° 左右的光环。

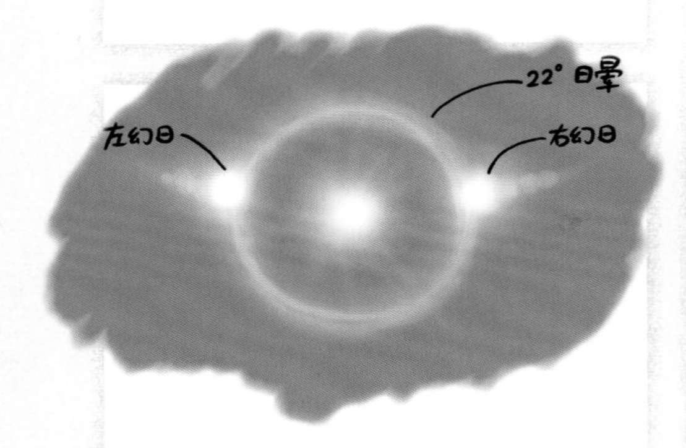

幻日

由固定方向的扁平冰晶产生，在日晕左右两侧。幻日会呈现明显的彩色，有时候看起来像天上出现了三个太阳，所以叫幻日。

日柱

在太阳高度比较低时，太阳的上下方会出现一道竖直的光柱。有时不仅是太阳，夜里的灯光也能形成类似的光柱，给人以科幻大片的感觉。这都是由扁平冰晶的反射产生的。

环天顶弧与环地平弧

由扁平的六棱柱冰晶产生的光弧。太阳低的时候，它出现在天顶附近；太阳高的时候，它出现在地平线附近。通常颜色非常鲜艳，也被称作火彩虹。

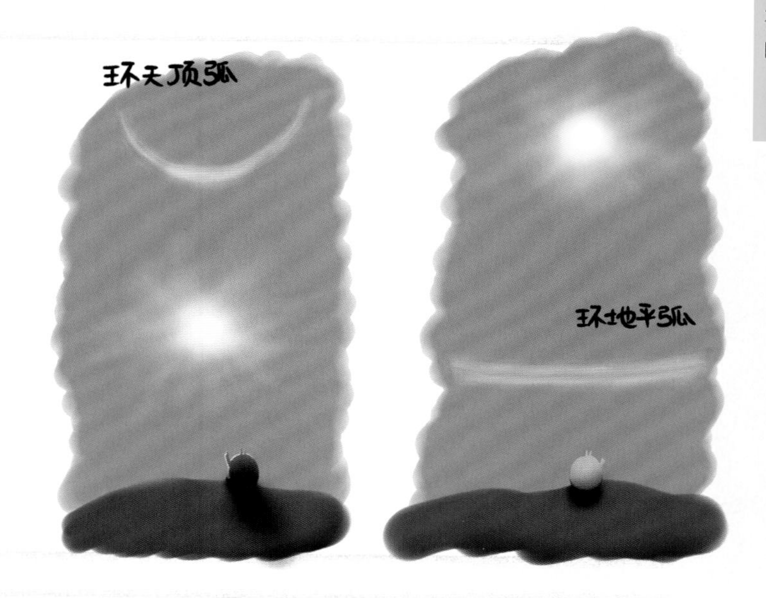

冰晕“七件套”

通常与柱状冰晶同时出现的冰晕现象，除了日晕、幻日、环天顶弧外，还有上切弧、下切弧、幻日环、上侧弧。它们都是光在同一片冰晶云里以不同的方向反射和折射产生的。

除了上面这些，还有不少罕见的冰晕现象等待你去观测和记录，甚至其中有些奇特的现象，至今还没得到合理的科学解释呢。

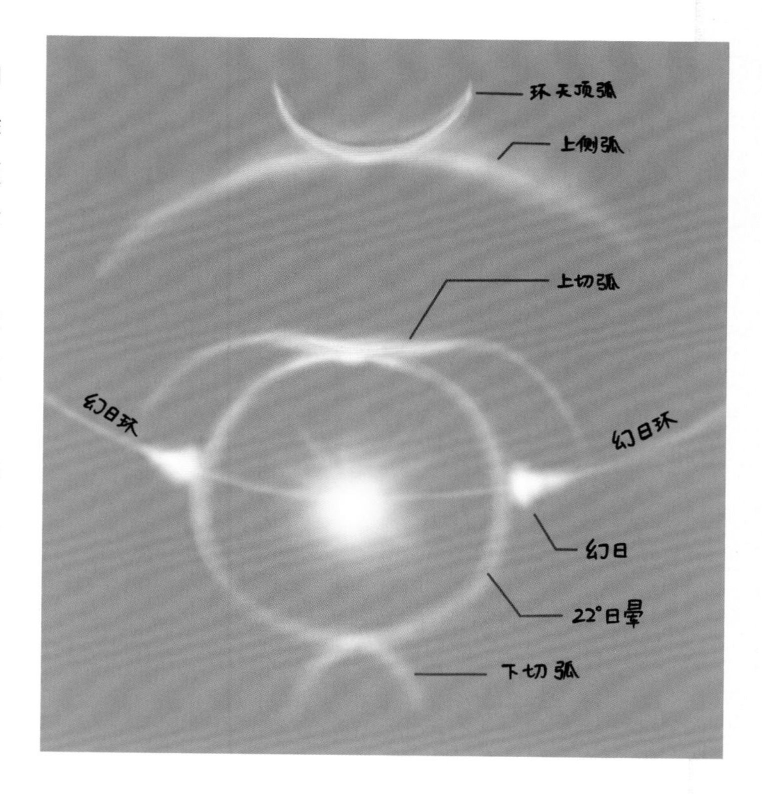

2

月亮

月亮形状的秘密

你需要

①台灯或手电筒

②圆球

③黑暗的房间

模拟月相的成因

我们说“月儿弯弯像小船”，又说“小时不识月，呼作白玉盘”，这两个月亮是同一个月亮吗？当然是！因为“月有阴晴圆缺”，不同的日子里，我们看到的月亮形状也不一样。这是为什么？让我们一起来做个实验。

1. 准备一个光源（可以是台灯或手电筒），一个圆球，一个黑暗的房间；

2. 保持房间黑暗，只打开准备好的光源，把圆球的一面照亮；

3. 从不同角度去看圆球，你就能看到不同形状的“月亮”了！

月亮就是这样，在绕着地球公转的过程中，从地球上看上去，它逐渐改变着与太阳的角度，出现圆缺变化。月亮的暗面其实是太阳没有照到的地方。我们看到的月亮形状变化就叫作月相。

不同月相的名称

不同形状的月亮有不同的名称，我们这样称呼它们：

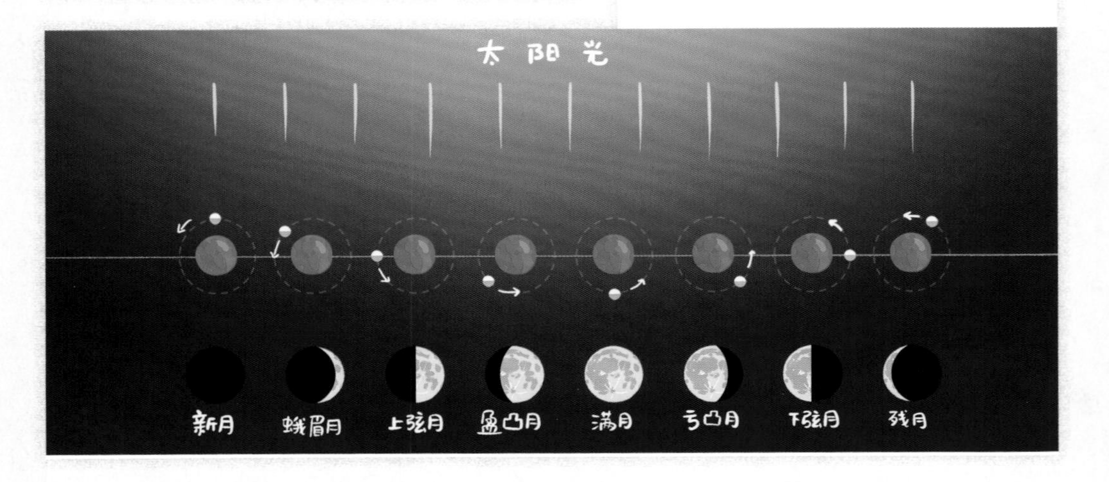

十五的月亮十几圆

俗话说，“十五的月亮十六圆”。月亮一定是在农历十六那天才最圆吗？不是的。月亮有可能在农历十五、十六圆，也有可能在十四、十七圆。

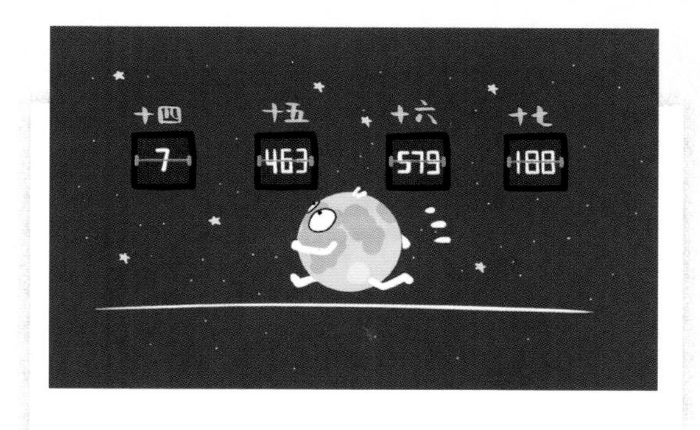

十几圆的次数不一样

在 21 世 纪 的 100 年 里， 一 共 有 1237 次满月。其中，“十六圆”次数最多，有 579 次；“十五圆”有 463 次；“十七圆”有 188 次；只有 7 次是“十四圆”，非常罕见。

挑战最细月牙

月亮在新月前后一两天的形状是一条非常细的月牙，离太阳又很近，很难看到。只有天气非常好的时候，在日落后或日出前很短的时间内才能看到，并且需要敏锐的视力。和小伙伴们比比看，谁能看到最细的月牙吧！

明月几时有

月亮何时升起来

由于地球的自转，月亮会和太阳、星星一样，每天东升西落。但同时月亮又在绕着地球公转，这个速度慢一些，每个月（27天多）才转一圈，因此，月亮每天升起的时间，平均比前一天晚50分钟左右。

这样一来，月亮升起的时间每天都不同，有时白天升起，有时半夜升起，每个月完成一个轮回。因此，月亮在任何时间都有可能挂在天上。

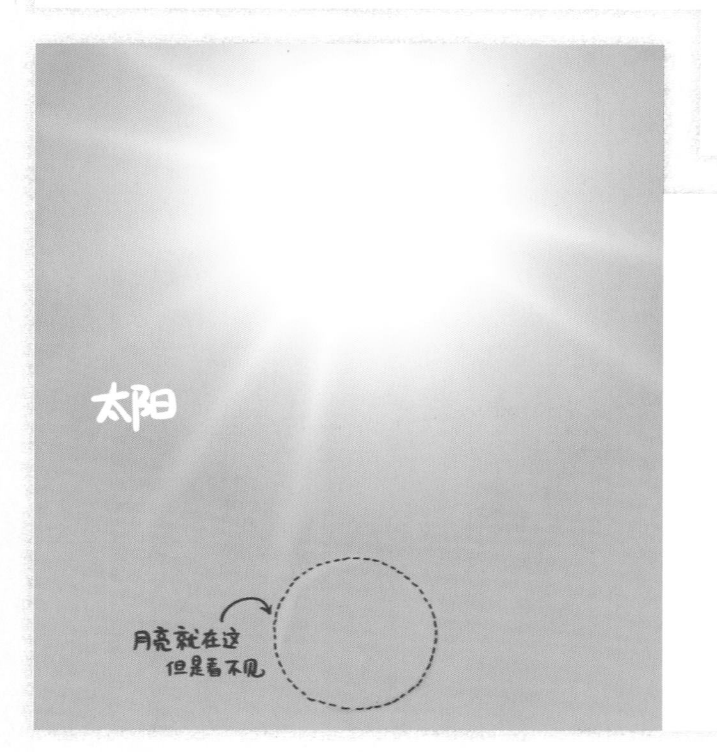

每天都能看到月亮吗？

每个月总有几天，月亮跟着太阳一同升起来，晚上又一起落下去。这几天是农历的初一前后。此时，由于太阳光太强，是看不到月亮的。

Hi，今天白班

没有月亮的夜晚

很多人认为月亮每晚都要出来“值夜班”，月亮是专属于夜晚的。实际上，只有满月那天月亮是整个夜晚一直挂在天上的，其他日子，月亮或多或少都会在白天出现，相应地，在夜晚则会迟一点升起或早一点落下。比如上弦月在下午能看到，后半夜就会落下；下弦月在上午能看到，到晚上则要后半夜才升起。

在白天寻找月亮

既然月亮会在白天出现，为什么我们白天经常看不到它呢？因为天空太亮了，白色的月亮在天空中并不明显。用下面的方法在白天找找月亮吧：

①找一个农历初七、初八的晴朗日子，下午日落前，放学路上到开阔的地方，向正南方天空观看。

②或者在农历廿二、廿三的晴朗日子，早上起来上学的路上，向正南方天空观看。

③用眼睛巡视南方的天空，寻找一个半圆形的白色天体，没错，那就是月亮啦！

节日赏月

懂得了月亮出没的原理，下面的问题你能回答吗？

春节（正月初一）、元宵（正月十五）、七夕（七月初七）这三个节日，哪一个没法赏月，哪一个可以看到半月，哪一个能看到圆月？

答案：春节看不到月亮，元宵节能欣赏满月，七夕能看到半月。

月亮不简单

超级月亮有多超级

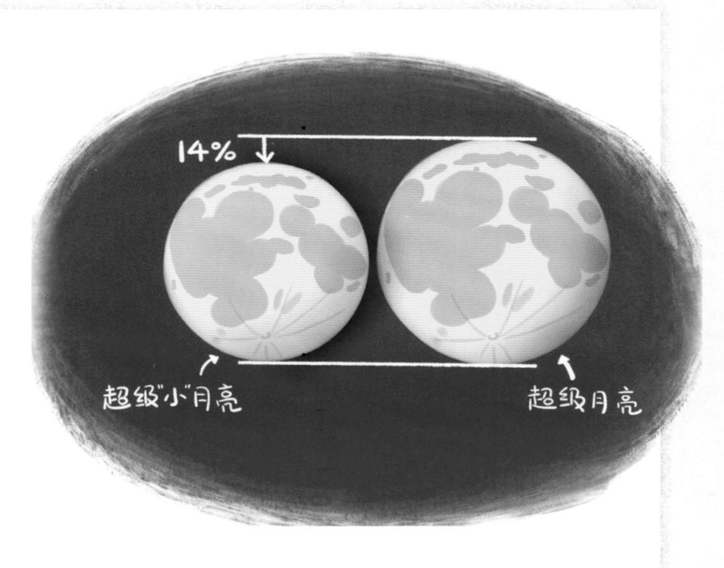

月亮绕地球公转的轨道是个椭圆，因此月亮与地球的距离就有远近之分。我们看月亮，也符合“近大远小”的规律。如果满月的时候，正好月球离地球很近，那么这样的满月就显得格外大，被人们称作“超级月亮”。超级月亮比“最小”的满月直径大 14%、亮 30% 左右，这个差距如果事先不知道的话，肉眼是分辨不出来的。超级月亮平均一年多一点就会有一到两次，并不是什么稀罕事。

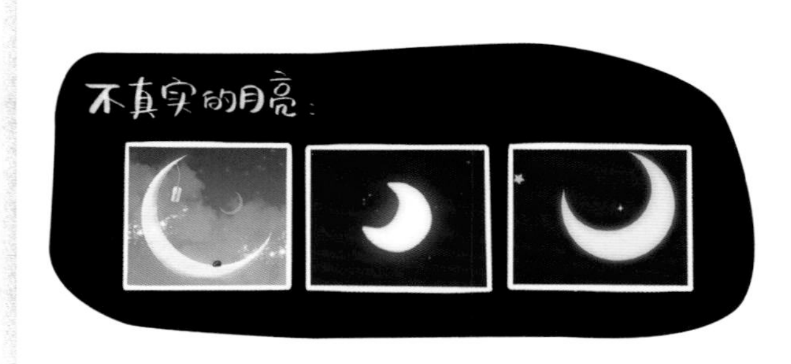

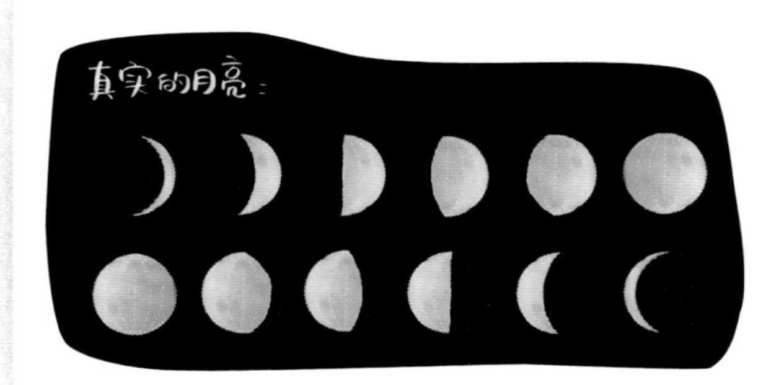

画正确的月亮

弯弯的月牙挂在天上，谁没见过？月牙长什么样，谁不知道？然而，像左侧上图几张画里的月亮，却是不可能出现的哦。

太阳光是平行照在月球上的，月球永远只有一半被照亮。所以，不管月亮多瘦多胖，“月牙”两端的连线总是月亮的直径，不多也不少。

月儿弯弯的方向

仔细观察一下，同样是弯弯的月亮，早上的残月、傍晚的新月，或者是上午的下弦月、下午的上弦月，它们的朝向有什么共同点吗？对了，月亮被照亮的那一边，就像一张弯弓一样，永远朝向太阳的方向。

大月亮错觉

月亮刚刚从地平线上升起或即将落下时显得特别大，太阳也有同样的效果。其实这是一种错觉，它和升到半空中的月亮是一样大的。

月亮黑如炭

满月夜里，一轮明晃晃的月亮挂在天上，非常明亮。而事实上，照到月球表面的太阳光绝大部分都被月球吸收了，只有 10% 左右的太阳光被反射出来。这个反射率和煤炭差不多，相比于金星的 65%、土卫二的 90%，月亮可以说是很“黑”了。

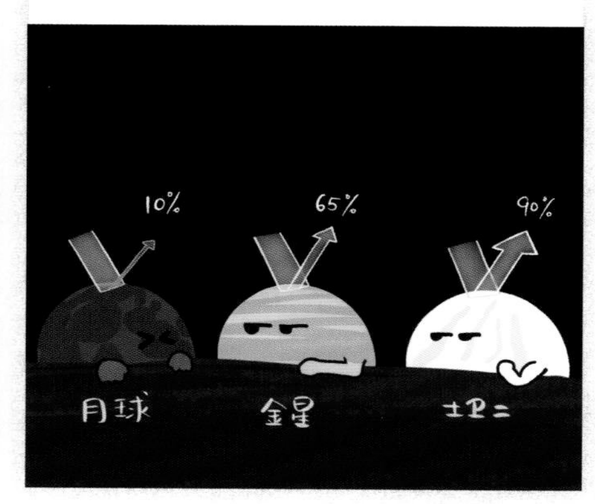

热闹的月亮表面

月面大想象

早在远古时期，人们就发现月亮并不是一个干干净净的“白玉盘”，上面有明暗相间的图案，惹人遐想。有人把月亮上的图案想象成兔子、狮子、背柴的人、驴、女人的侧脸……来，在最后一张月面上画出你想象的画面吧。

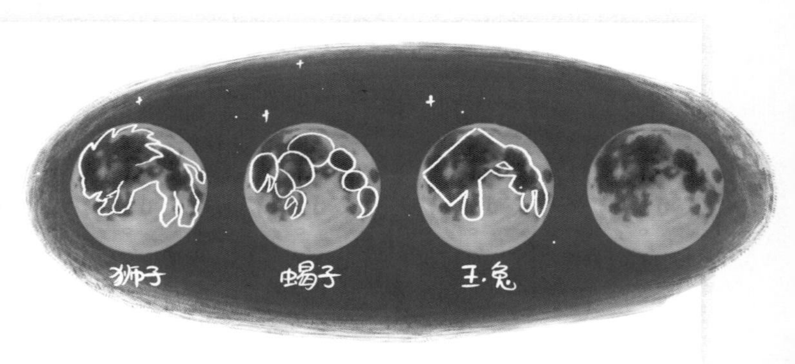

新月抱旧月

每到农历月底或者月初，人们欣赏美美的蛾眉月时，经常会有人发现：月亮暗的那部分，竟然也能看到！那部分看起来不太亮，灰灰的，人们把这微弱的光线叫作灰光，这种现象也叫“新月抱旧月”。

月亮的暗面为什么能看到？很简单，虽然太阳光没有直接照到这部分月面，但地球的亮面正好对着月亮，从地球反射的太阳光又照到了月亮。所以，照亮月亮暗面的，不是别的，正是我们的地球。

日照金山

用望远镜看弯月的时候，在细细的弯月的尽头，有时会看到一两个单独的“亮点”，与月牙若即若离。这其实就是月面上高山的山顶，被太阳照亮了，类似“日照金山”的景象。

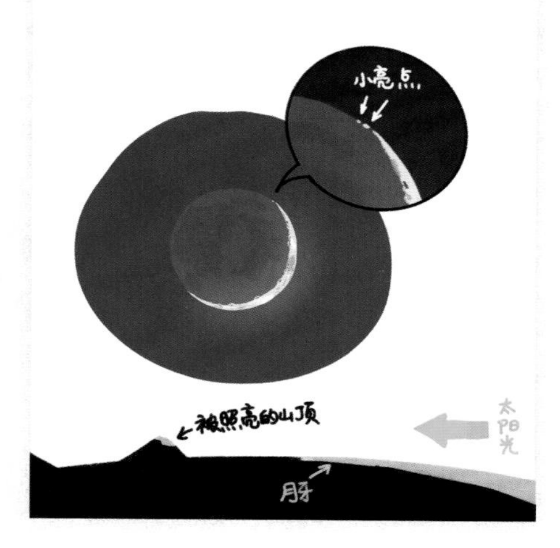

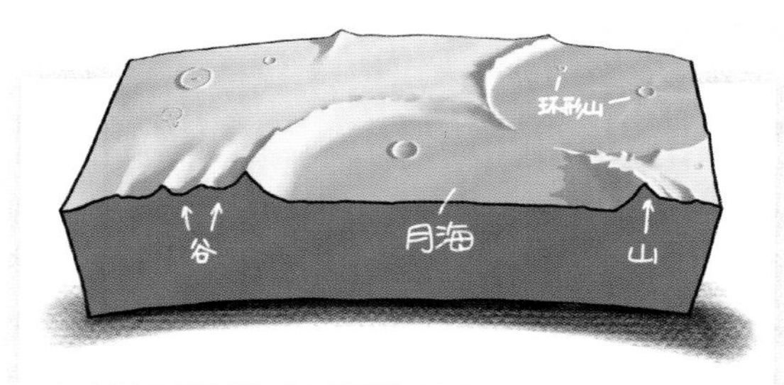

月亮上的山和“海”

月球其实有着比地球还崎岖不平的表面。人们根据在地球上的观察，将凸起来的地方命名成“山”，将低洼平坦的地方命名成“洋”“海”“湾”“湖”——当然这里面并没有水。这些黑色的区域其实是月球上的平原。还有很多弯曲狭窄的凹槽，它们被叫作“谷”或“溪”。

月面上最显著的特点，就是一个个的环形山了。这些环形山通常是圆圆的，里面相对比较平，四周是稍稍高出的环壁。

看立体的月亮

什么日子最适合赏月？人们通常会选择满月日，因为满月最引人注目。但是我们要用望远镜观察月球表面上的山川平原时，满月就不是一个好的选择了。只有在月亮不“满”的时候，我们观察它的明暗交界线附近，才能看到由阴影衬托出来的立体的地貌。

月面看点大集合

虹湾

月龄 10 ~ 11 天时，虹湾就成了明暗交界线上格外明显的标志。虹湾是月球雨海西北侧向外突出的部分，看起来就像是半个环形山，它边缘的山峰在阴影中就像一道新月一般延伸出去。中国的“嫦娥三号”探月飞船和“玉兔号”月球车，就着陆在这片土地上。

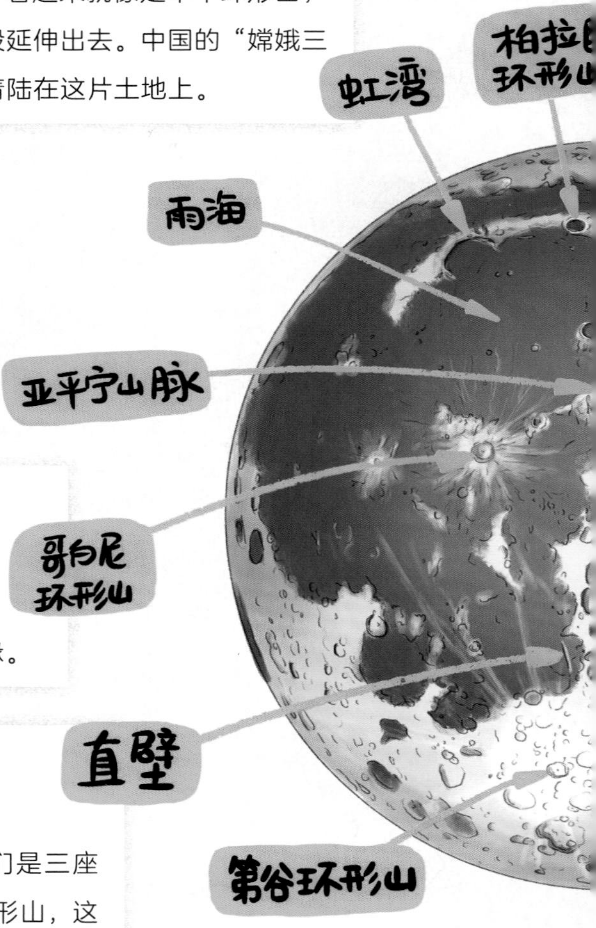

雨海

这是一个又圆又大的月海，东南部和风暴洋相接，在雨海的周围集中了很多有意思的地貌。

亚平宁山脉

这是月面上最容易辨认的山脉，它弯曲的造型正好形成了雨海西南部的边缘。

哥白尼环形山

在风暴洋里，有三座大“岛”，它们是三座明亮的环形山。其中最大的是哥白尼环形山，这是一座非常“标准”的环形山，它有阶梯状的环壁、高耸的中央峰，周围还有复杂的辐射纹，在月龄 9 ~ 10 天的时候最适合欣赏。另外两座是开普勒环形山和阿里斯塔克环形山。

虹湾
雨海
亚平宁山脉
哥白尼环形山
直壁
第谷环形山

阿尔卑斯月谷

阿尔卑斯月谷是月球上最明显的峡谷，又宽又直，宽约 10 km，像连通雨海与冷海的一条河谷，在月龄 8 ~ 9 天时最容易看到。紧挨着阿尔卑斯月谷的西边，是柏拉图环形山，它的底部平坦，颜色比周围深得多，在望远镜中就像一个圆圆的小黑斑。

直壁

在月龄 9 天左右时，明暗交界处中间偏南的位置，云海的中间，会出现一道几乎笔直的“划痕”，看似月亮上一道垂直的悬崖，所以人们叫它“直壁”。

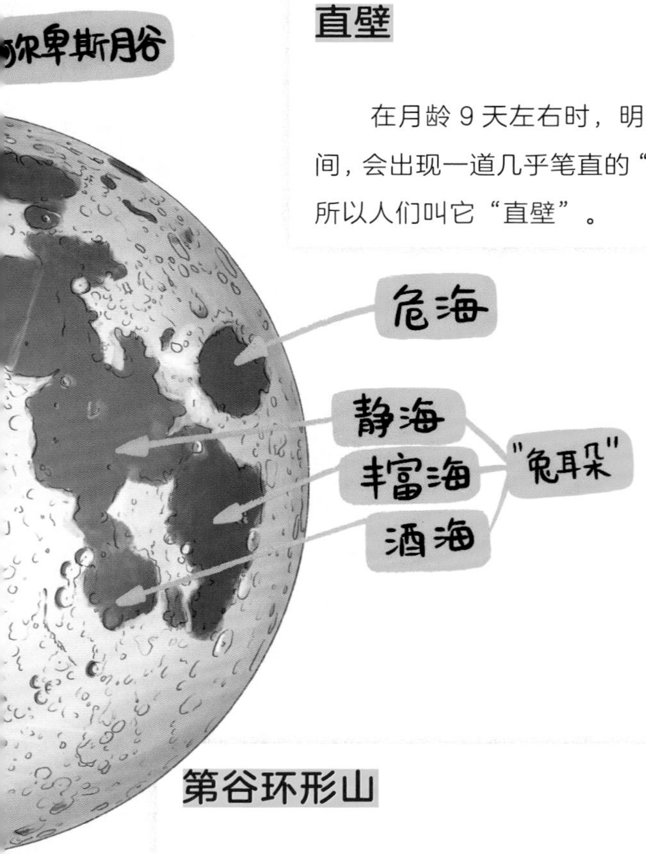

危海

这是月球正面西边缘的一个圆形的独立月海，非常明显，整个农历上半月都能看到，可以作为辨认月面特征的起始点。

兔耳朵

人们对月面图案的想象总会提到一只兔子，这是因为有三个月海形成的图案，像极了兔子的两只长耳朵，这三个月海是：丰富海、静海和酒海。

第谷环形山

第谷环形山不大，但它的辐射纹非常壮观明亮，延伸了大半个月球，是月球南边最明显的一个标志，仿佛是一颗脐橙的“肚脐”一般。据说视力好的人，用肉眼都能直接看到它。

仔细观察环形山

环形山的来历

月亮上分布着大大小小的环形山，它们大多数形成于 38 亿 ~ 40 亿年前。那时候，各种外来的小天体——也就是陨石——撞向了月球表面，形成了一圈圈的“涟漪”，这就是环形山的来历。因此，环形山还有个名字叫作“陨击坑”，意思就是陨石撞击月球表面形成的坑。

中央峰

很多年轻的环形山中间会有一个小尖尖，我们称之为中央峰。这是陨石撞击月球表面的时候，月面物质受到撞击后反弹升起形成的——就像一滴水滴进水面，会激起中间的水柱一样。

环形山的名字

环形山都是以人名命名的，很多大环形山的名字都是我们耳熟能详的科学家和哲学家，如第谷、哥白尼、开普勒、亚里士多德，等等。其中，有 14 个环形山是以中国人的名字命名的，如张衡、祖冲之、李白等，不过它们都在月球背面，我们看不到。

辐射纹

在许多环形山周围，还有一条条向四面八方放射出去的亮条纹，叫作辐射纹。它们有可能是在陨石撞击时抛洒出去的物质形成的，也有可能是月面自身的地质活动产生的。辐射纹最明显的是第谷环形山，它周围最长的一条辐射纹长达 1800 km。

制造自己的环形山

你需要

①烤盘
②面粉
③可可粉
④细筛子
⑤玻璃球或小石头

在厨房制造一个环形山吧!

1. 找一个大一些的烤盘，在里面均匀地铺上一层厚厚的面粉，表面尽量铺平。

2. 用细筛子装上可可粉，在面粉的上面均匀地撒上一薄层可可粉。

3. 用一颗玻璃球或小石头，从高处丢下去。

好了，现在你会发现环形山和辐射纹出现了!

月食之初见

月食的成因和种类

当月球运行到了地球的影子里，就会发生月食。也就是说，照在月球上的太阳光，被地球遮挡住了一部分。如果月球能够完全进入地球的本影，那么这场月食就叫作月全食；如果只能进入一部分本影，就叫作月偏食。还有一种月食，月球连地球本影的边都没沾到，只进入了地球的半影，叫作半影月食。

月环食？不存在的

你一定记得，日食可以分为日全食、日偏食、日环食三个种类。为什么月食里面，没有“月环食”呢？

因为地球的阴影实在太大了，不可能只遮住月亮的中心，所以“月环食”是不存在的。

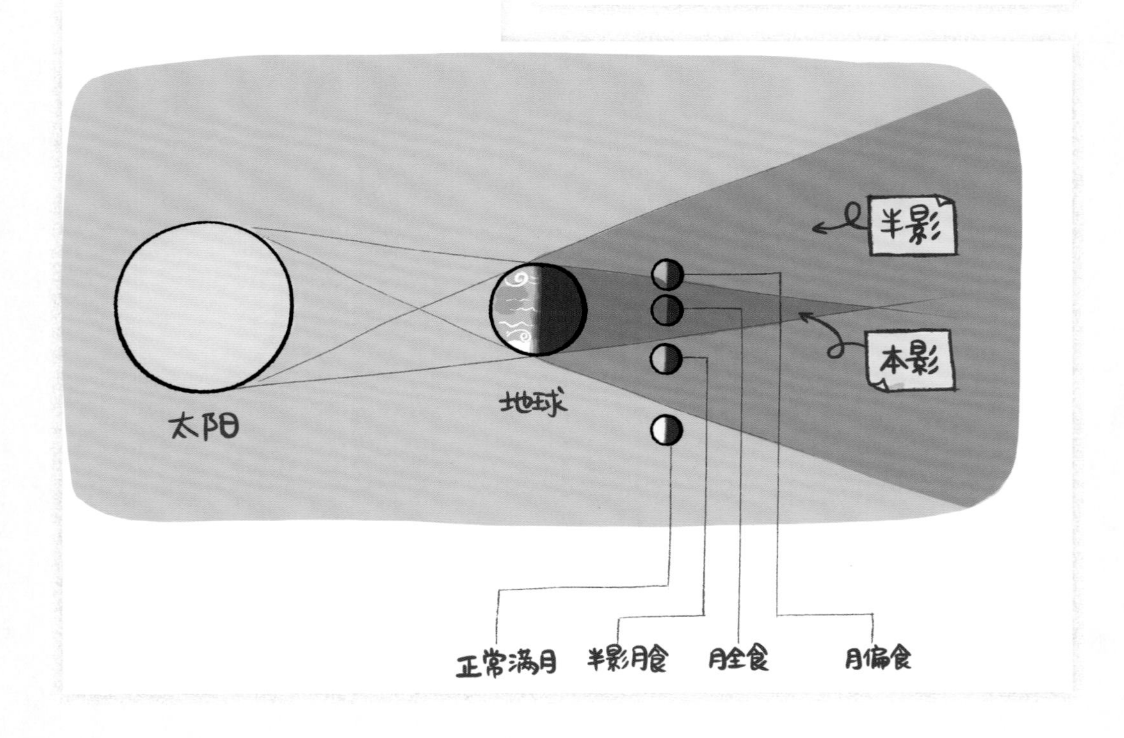

半影月食能看到吗？

很多人认为半影月食肉眼无法察觉，实际上，细心的人是能够观察到月亮进入地球半影时的变化的。特别是月面更靠近本影的那一边，会出现比较明显的变暗。如果你用相同的拍摄参数，拍下半影月食和其前后的月亮，对比之下就会非常明显啦。

天涯共此“食”

先来做个简单的实验。在台灯前，你用手比划个动作（比如鸽子），将影子投在墙上，让另一个人在屋子里从各个角落看，看到的影子是不是都一样？

月食发生时，也是同样的道理。不管你在地球上的哪个角落，只要能看见月亮，就能看到月食。所以，相对于日食只有在窄窄的日食带内才能看到而言，月食就太慷慨了，因为每次月食发生时，有大半个地球都能看到呢！

月食与月相的区别

同样是形状变化，月食与月相有什么区别？

月食的“月牙”形状，是由地影的大小决定的，明暗交界处的那根弧线，要比月亮的轮廓更“直”一些，而且弯曲的程度一直不会改变。另外，由于大气的存在，月食的明暗交界处，其实是模糊的。而月相的明暗交界处，却有着丰富而锐利的立体感。

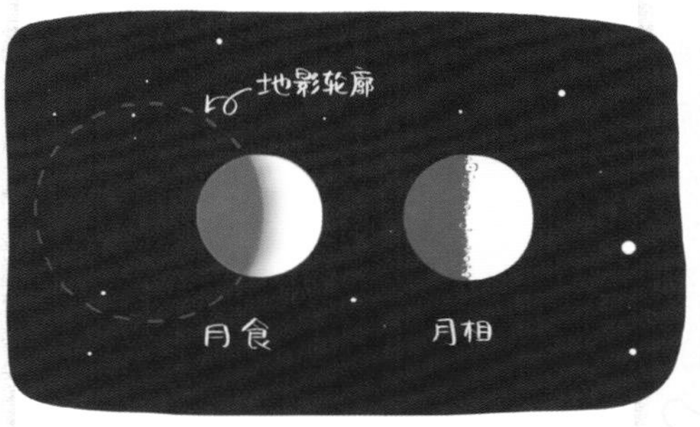

欣赏月全食

红月亮

如果你看过月全食的话，就一定会有深刻的印象：躲在地球阴影里的月亮，并不是一点都看不见，而是呈现出红色的面貌。奥秘就藏在地球的大气里。

如果地球没有大气，那么地球的阴影应该是边缘分明的，里面也该是一片漆黑的。但是地球拥有大气，它把一部分太阳光折射到了阴影里。同时，折射的这些太阳光，由于本身穿过了厚厚的大气层，其中波长较短的蓝紫色光被大气散射掉了，最终照射到月球上的就只剩下穿透力更强的红色光了。因此，地影中的月亮看起来是红色的。

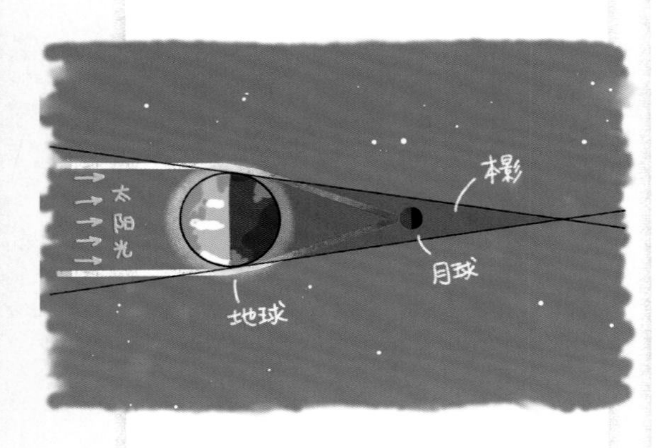

“晶莹剔透”的月亮

在月全食过程中，地影刚刚完全遮住月面时，会出现这样的感人场景：月球的一大半已经深入地影成为“红月亮”，而最后进入地影的部分还微微发亮。这时候，要是用望远镜来观测月球，就会看到一个极富立体感的月球形象：一边是高光，一边是阴影，整个月球从亮黄色、橙色过渡到古铜色，就像一枚咸蛋黄那样晶莹剔透，让人垂涎欲滴……

月全食的“色号”

当月亮进入地球的本影之后，受到进入深度和地球大气的影响，月亮可能呈现明亮的红色，也可能呈古铜色，甚至是灰黑色。感受每一次月全食的不同“色号”也是一种乐趣。

月亮与银河可以兼得

月明星稀，在月光明亮的夜晚，就很难看到银河。月全食是一个同时欣赏月亮和银河的好机会，当月球进入地影，其亮度降低到原先的四万分之一，灿烂的银河就清晰地呈现在天幕上了。

未来的月全食

日期	中国见食情况
2021 年 5 月 26 日	带食月落
2022 年 5 月 16 日	不可见
2022 年 11 月 8 日	带食月出
2025 年 3 月 14 日	不可见
2025 年 9 月 7 日	可见全过程
2026 年 3 月 3 日	带食月出
2028 年 12 月 31 日	可见全过程
2029 年 6 月 26 日	不可见
2029 年 12 月 20 日	带食月落
2032 年 4 月 25 日	可见全过程
2032 年 10 月 18 日	可见全过程
2033 年 4 月 14 日	带食月落
2033 年 10 月 8 日	带食月落
2036 年 2 月 11 日	带食月出
2036 年 8 月 7 日	不可见
2037 年 1 月 31 日	可见全过程
2040 年 5 月 26 日	带食月出
2040 年 11 月 18 日	可见全过程

月亮和星星的游戏

月掩恒星

月球是距离地球最近的天体，在月亮行走的路线上，背后有着无数颗星星，当月亮走到它们和地球之间时，就会遮住后面的星星，这种现象叫月掩星。

月掩星几乎随时都在发生，但只有很亮的星被掩时才容易被人们注意到。有机会被掩的亮恒星只有四颗：毕宿五、角宿一、心宿二和轩辕十四。由于月球轨道在慢慢变化，所以月掩恒星的时间间隔也并不规律。比如，2018 年以前，中国境内能看到好多次月掩毕宿五的现象。然而下一次想看月掩毕宿五，就要等到 2034 年了。

盯紧那颗恒星

当月掩恒星发生时，恒星从月亮的暗面消失或出现的瞬间，是很有戏剧性的。由于肉眼看不到月亮暗面的边缘，恒星又都是很小的光点，它们就像突然消失在黑暗中，或突然从黑暗中凭空出现一样，如果你不盯紧它，就很容易错过消失或出现的瞬间。

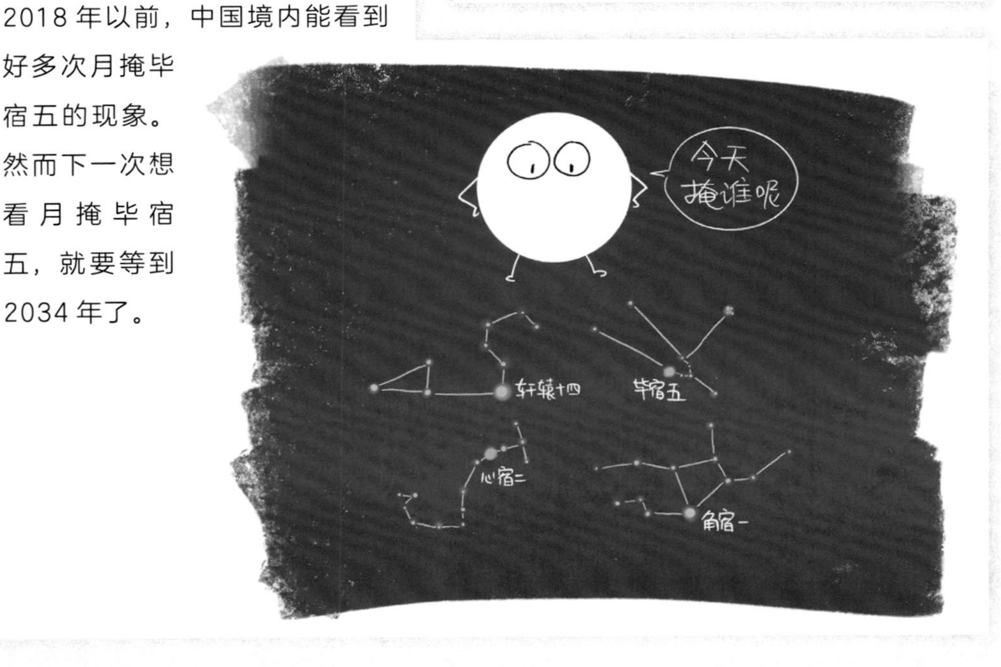

月掩行星

除了亮恒星以外，同样在黄道附近运行的几颗太阳系行星，也会成为月亮遮掩的目标。特别是金星、火星、木星和土星，观测起来更加激动人心。如果用望远镜来观测月掩行星的过程，能看到行星的圆面被月球缓缓遮住，仿佛身处月球表面观看行星落下一般的科幻场景。

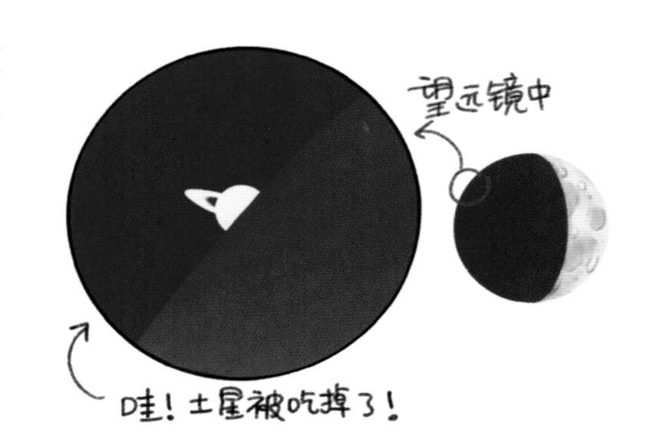

星月相伴

由于月亮每个月都在天上转一圈，经常经过明亮的行星或恒星，因此每个月都能观察到星月相伴的现象。金星伴月、木星伴月、轩辕十四伴月，等等，都已经是司空见惯的天象了。但每一次二者相伴的距离并不相同，有时远，有时近。行星或恒星距离月亮非常近的相伴，是非常漂亮、非常值得观看的天象。

星月笑脸

有时候，星月相伴还能组合出更有意思的奇景。比如著名的“星月笑脸”，是两颗明亮的行星接近时，恰好赶上月亮也来凑热闹，就有可能组成有趣的“笑脸”。这样美妙的天象在晴朗的城市夜空中就能看到，谁不喜欢呢！

小力量推动大演化

潮汐是由月亮推动的

海边，一朵小小的浪花，推动着一颗贝壳冲上了沙滩；潮水日复一日地涨起又落下。我们的祖先发现，海水一天会上涨两次、落下两次，他们把早上的一次称作潮，晚上的一次叫作汐。

推动海水周期性涨落的力量，就来自月球对地球的引力。相对于地球本身的引力来说，月球对地球的引力并不大，但足以将地球上的海水拉动起来，形成了一天两次的潮涨潮落。所以，当我们在沙滩上捡贝壳、挖螃蟹时，应该感谢月球呢！

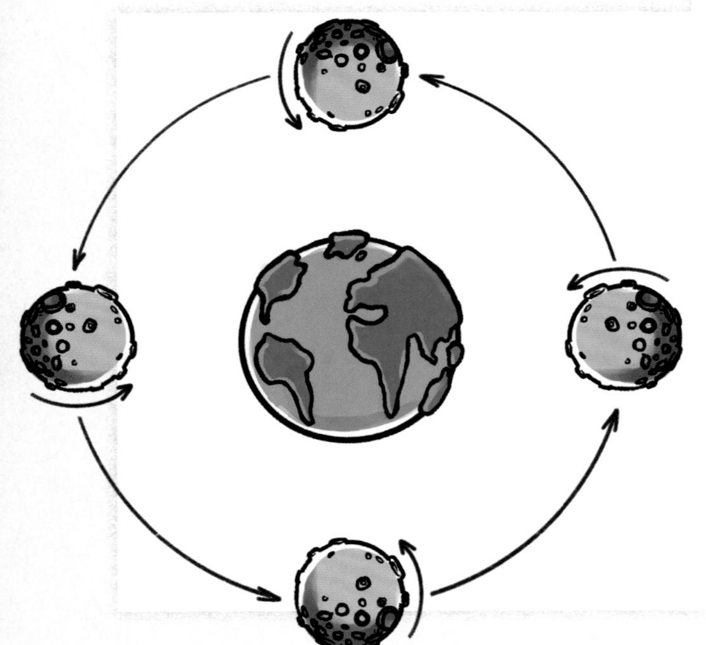

月亮总是同一面朝地球

由于月球和地球之间的引力，不仅地球上的海水会被月球拉动，月球本身也会被地球朝着地月连线方向“拉长”。由于月球绕着地球公转的同时，也在快速自转，当自转和公转周期不一致时，它每运行到下一个地方，被“拉长”的方向也随之变化，从而产生了一种扭转的趋势，使得自转周期与公转周期趋于一致，这种现象叫作潮汐锁定。

于是，月球的自转速度不断减慢。终于有一天，降到一个恰好的速度，即自转周期与公转周期完全一致。从此以后，月球就只有同一面朝向地球，人们在地球上再也看不到月亮背面的样子。

地球的“刹车”

潮汐锁定的作用对地球也同样有效，月球也在渐渐减慢地球自转的速度。40 亿年前，地球自转一圈只需 4 小时，而现在，已经减慢到 24 小时，夜晚的长度足够我们睡一个安稳觉了……

日全食的巧合

在减慢地球自转速度的同时，月球也在逐渐离地球远去。现在，月球正好处在一个特殊的位置：地月距离是地日距离的 1/400；而月球的直径，也正好是太阳的 1/400。从地球上看起来，这个位置上的月球和太阳直径差不多，所以，我们才能看到完美的日全食。

再过几千万年，逐渐远去的月亮将不再能完全挡住太阳，日全食在地球上将不复存在。这真是现在最值得珍惜的巧合啊！

3 行星

寻找行星

太阳系行星有几颗

我们的太阳系有 8 颗行星，按照距离太阳从近到远依次是水星、金星、地球、火星、木星、土星、天王星和海王星——这是大家都知道的“常识”吧。其实，这是伴随着人类对太阳系的认知变化，好不容易形成的共识。下面就用这幅图来盘点一下行星数量的变化史吧！

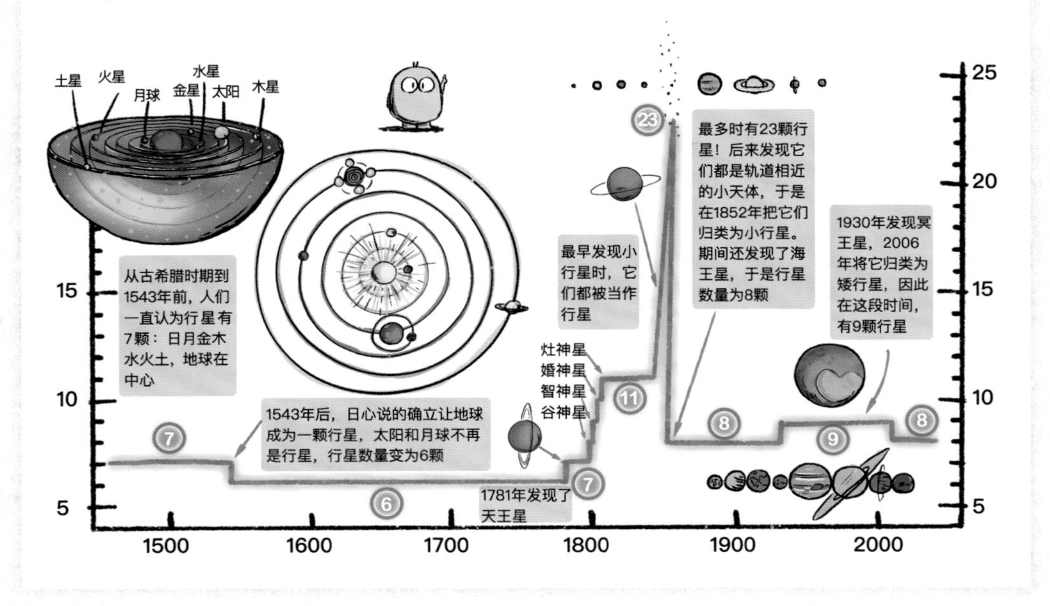

能看到哪些行星

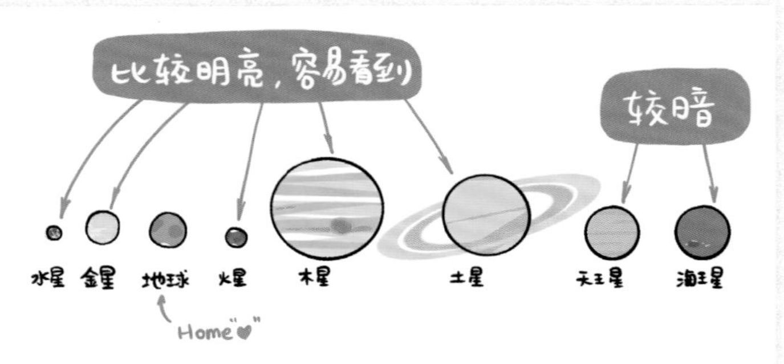

除了我们所在的地球本身，和最遥远的天王星、海王星，其他五颗行星，也就是金、木、水、火、土，从地球上看来都非常亮，很容易看到。

但要注意的是，水星总是离太阳不远，要想看到它需要一点技巧。

怎么分辨哪颗是行星

虽然行星会在星空中移动，但是它们移动得并不快，需要连续几天才能看出来它们的移动。识别行星的简单方法有两点：一是看它是否位于黄道附近；二是看它附近的星座是不是“多出”了一颗亮星。满足这两点的亮星，就很有可能是一颗行星。

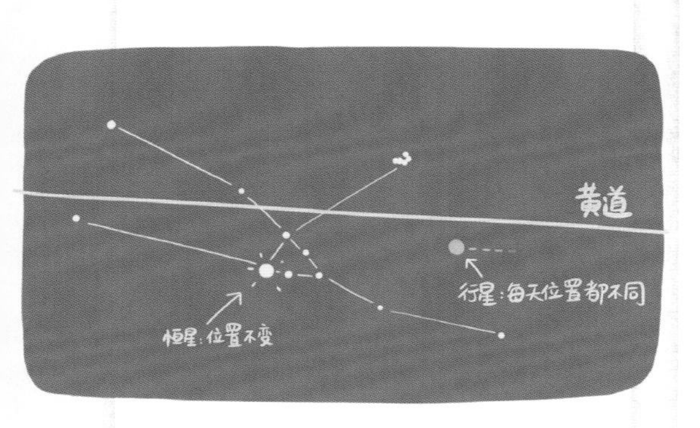

行星逆行

行星都会在某一段时间在黄道上逆行，虽然逆行的周期和时长不同，但每颗行星都会逆行。这并不是它们真的在轨道上反向运行了，而是由于它们与地球运行轨道和周期不同导致的各自相对运动的变化，从而给在地球上观察的我们造成错觉。

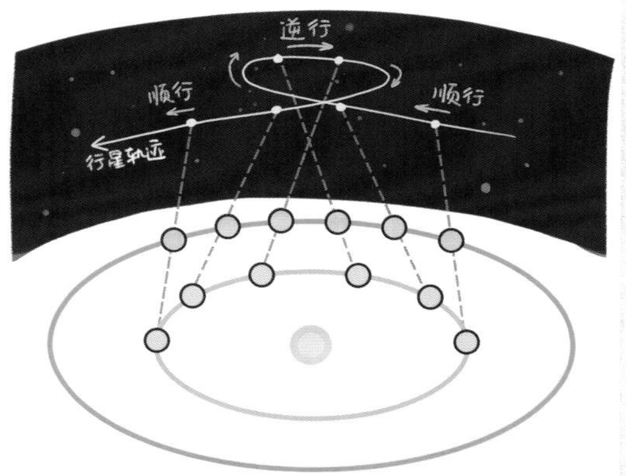

为什么怪水逆

很多人认为水星逆行是坏运气的原因。然而实际上，人们很多时候只是想给坏运气找个借口。水星的逆行最频繁，每年三次，每次半个多月，是不是很适合背锅？与其相信水逆会带来坏运气，不如认真对待生活中的小细节吧！

难得一见的水星

超越哥白尼

这是一个流传甚广的传说。据说由于水星总是隐匿在太阳的光辉里，哥白尼一生都没能看到过水星。但实际上，看到水星的难度并不如传闻中那么大，只要精心计划，在合适的时候寻找水星，你也可以做到。准备超越哥白尼吧！

寻找水星的机会

水星是最靠近太阳的一颗行星，所以从地球上看，它和太阳距离很近，经常被淹没在太阳的光辉里。只有水星运行到太阳两侧，和太阳相距最远的时候，才比较容易看到它，此时水星的位置称为大距。水星在太阳东边叫东大距，日落后出现在西方低空；水星在太阳西边叫西大距，日出前位于东方低空。

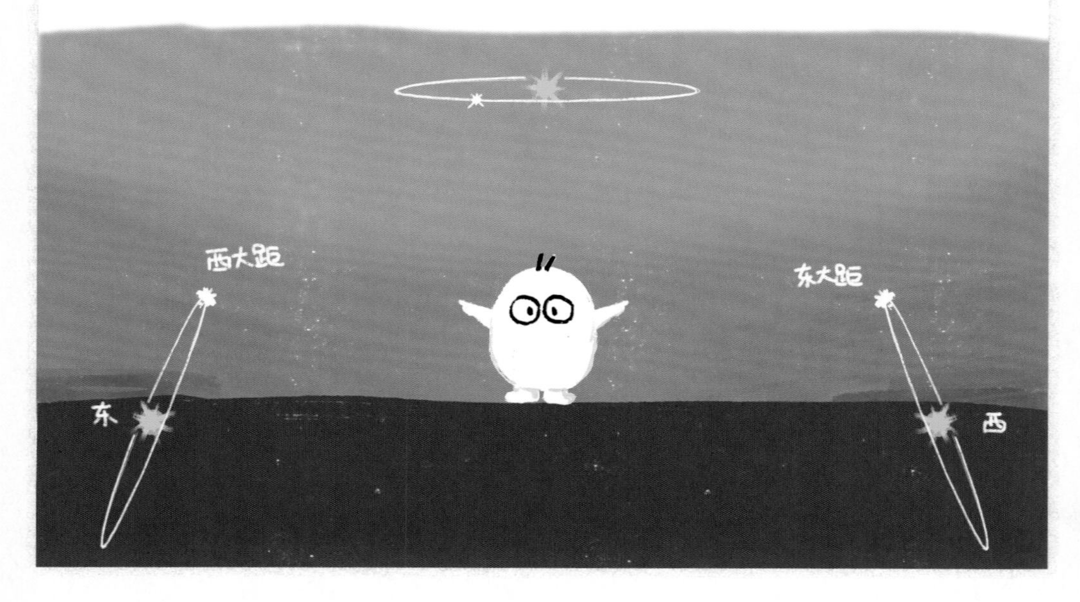

未来的水星凌日：

2032 年 11 月 13 日
2039 年 11 月 7 日
2049 年 5 月 7 日
2052 年 11 月 10 日
2062 年 5 月 11 日
2065 年 11 月 12 日

水星凌日

由于水星的轨道在地球轨道内侧，所以水星有机会恰好出现在地球和太阳正中间，这个时候在地球上可以观察到一个小黑点在太阳表面移动，这就是水星凌日。水星的直径很小，所以凌日发生时肉眼是无法看到水星的。我们需要借助有良好保护（安装巴德膜或采取其他有效减光措施）的望远镜来观看。

水星凌日并不罕见，往往每隔几年或者十几年就可以看到一次。

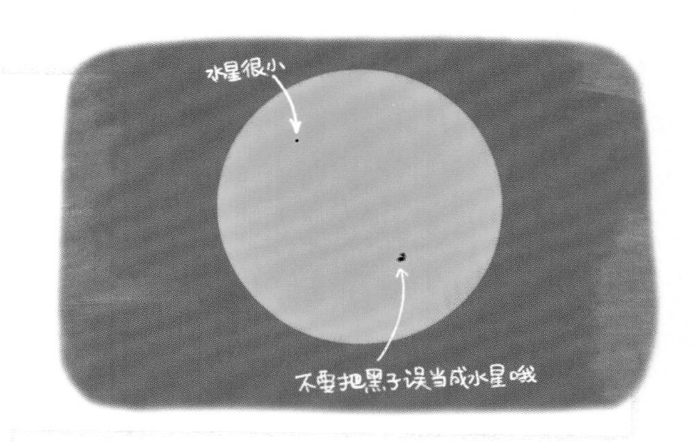

亲眼见证一次水星

1. 事先在天象预报网站或社交媒体上查询好水星东大距的日期。选择东大距是因为不用早起，你可以更舒服地观测。

2. 在大距的日期前后 5 天内找一个天气十分晴朗的日子。

3. 在电子星图上查询好日落后水星相对日落方向的方位。

4. 待日落半个小时后，就在西方的低空开始寻找吧。如果有双筒望远镜就更好了，你就能在第一时间发现水星啦！

夜空中最亮的星

是飞机还是不明飞行物？

金星是全天亮度仅次于太阳和月亮的天体，最亮时的亮度是织女星的近100倍。在傍晚的西方或黎明的东方，它就像一盏灯一样挂在天上。总有人把这时的金星误认为飞机，甚至不明飞行物。特别是飞行员，有时会把金星误认为对面飞来的飞机。

启明与长庚

由于金星在地球轨道内侧，从地球上观察，金星总是在太阳东侧或者西侧有限的范围里运动。在太阳西侧时会在早晨比太阳更早升起，在东侧时会在傍晚比太阳更晚落下。

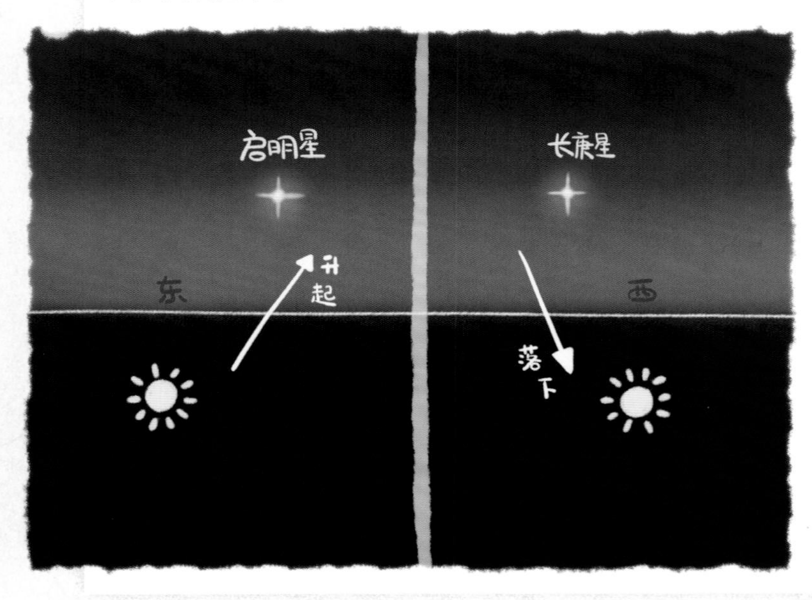

因此，中国古人把金星称作“启明”与“长庚”。当金星在黎明前比太阳更早出现在东方的天幕时，人们叫它启明星；当金星在落日后比太阳更晚沉入西方的地平线时，人们叫它长庚星。

在白天找金星

在白天能看到星星吗？在太阳的光辉下，白天的星星大多黯然失色，隐形于天幕。不过作为天空中最亮的星星，金星大部分时间亮度都在 -4 等以上，在合适的条件下白天也能看到。

要想在白天寻找金星，一定要在金星距离太阳比较远的时候。当然，要在天空中找一个小亮点并不是一件容易的事，比较好的策略是在月亮运行到金星附近时，用月亮做向导，就非常容易找到金星了。

金星的相位

类似月球，金星也只有一半被阳光照亮。于是当我们用望远镜观察金星时，可以看到金星发生如同月球的相位变化。在金星变成小月牙的形状时，也是它离地球比较近的时候，此时只要用双筒望远镜，就能轻易看出它的形状，非常有趣。

金星照人影

金星是如此明亮，据说，在完全没有光污染的地方，金星的光芒甚至可能照出人的影子。这是真的吗？你可以找个合适的时间尝试一下！

红色星球

充满遐想之地

火星和地球在很多方面太像了，它的一天长短和地球几乎相同，它也有四季，有南北极的冰冠，还有峡谷和高山。因此，火星是人类在地球之外寻找生命的首选目标之一，也是科幻小说理想的创作背景和灵感来源。

在地球上看，火星是一颗红彤彤的星星，因为它的土壤中含铁量比较大，所以看上去是红褐色的。

观测火星的时机

火星轨道在地球外侧，每隔 2 年 2 个月左右，太阳、地球和火星就会连成一线，并且地球和火星的距离达到极近，这种现象叫火星冲日。此时是观测火星最佳的时机。

超强沙尘暴

虽然火星上的风不大，但由于重力小，飘起来的沙尘也不易落下。在火星上，常有大规模的沙尘暴，席卷整个火星。2018 年火星大冲期间，火星上就发生了一场全球沙尘暴，导致地球上的观测者用望远镜看不清火星上的细节。“机遇号”火星车也在这次沙尘暴中与地球中断了联系，再也没有醒来。

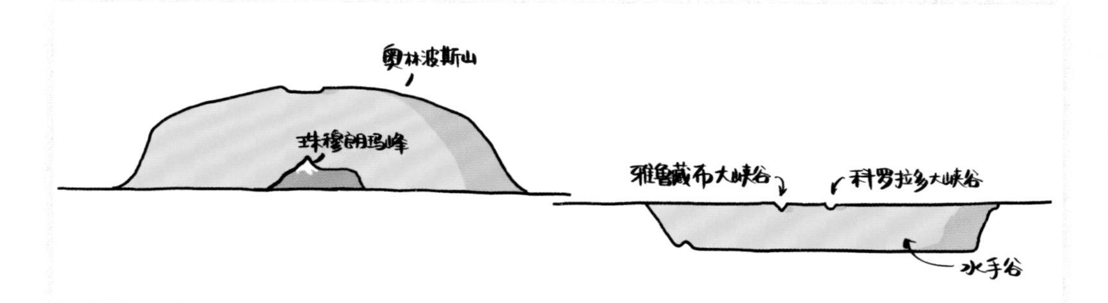

火星冰盖

在火星的两极有干冰组成的冰盖，称为极冠，在火星大冲的时候，用小口径望远镜就能看到。

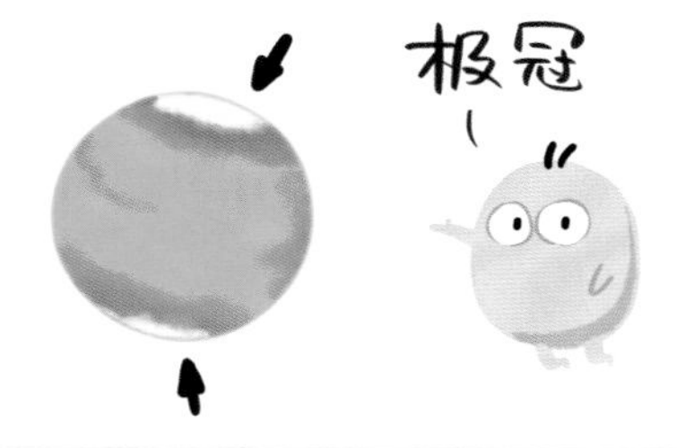

最高的山和最深的谷

火星的直径只有地球的一半，但在火星上却有太阳系最高的山——奥林波斯山，这座巨大火山的高度相当于珠穆朗玛峰海拔的3倍；还有太阳系最长最深的峡谷——水手谷，它长度超过4500 km、深8 km。地球上的大峡谷和它相比，就像马路上裂开了一条小缝一样微不足道。

火星大冲

由于火星的轨道是一个椭圆，所以每次火星冲日时，火星和地球的距离并不一样，火星离地球很近的冲日被称为大冲。此时，火星的亮度可以达到 -2.9等，比木星还要亮，我们可以用望远镜看到火星表面的一些地形和白色的极冠。

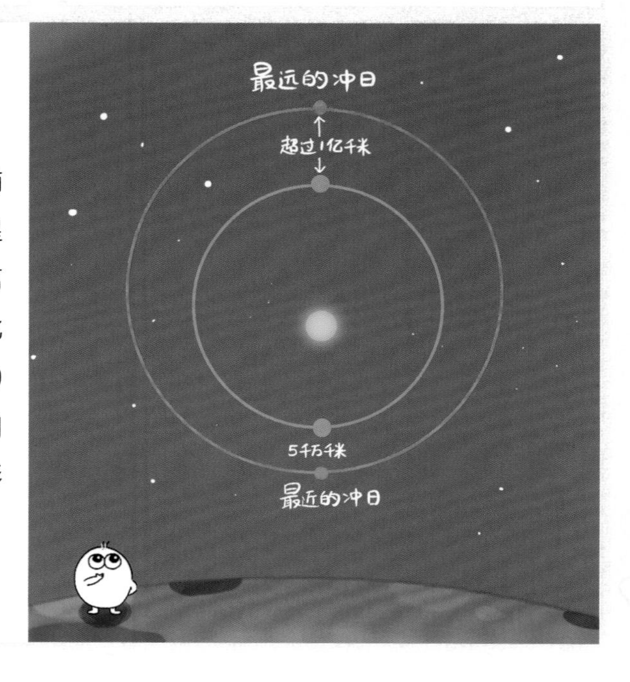

行星之王

寻找木星

木星的公转周期是 12 年，在地球上看，它几乎每年走一个黄道星座，一年里大部分时间都可以看到它。木星也很明亮，亮度在 －1.6 至 －2.9 等之间变化，仅次于金星，永远亮过最亮的恒星天狼星。

大红斑

大红斑是太阳系中的一个奇迹，它是木星南半球的一个巨大风暴，从被发现至今已经 300 多年了，虽然有时也会变小，但从来没消失过。在小口径望远镜中是看不清这个斑点的，看起来更像是木星的条纹在这里断开了；如果用口径大于 20 cm 的望远镜，就可以清晰地看到大红斑了。

用望远镜看木星

木星是太阳系最大的行星，无论何时用望远镜看木星，都能看到它大大的圆面。仔细看，圆面上有两条深色的条纹，那是木星上的云带。如果望远镜够大，还能看到大红斑。在木星的两侧，总有四颗小星星伴随左右，那是木星最大的四颗卫星。

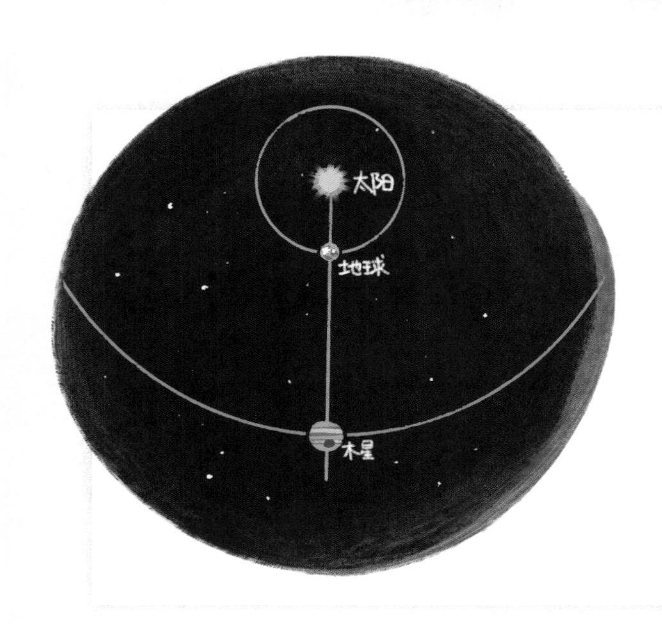

木星冲日

每隔 13 个月左右，木星就会和地球、太阳连成一线，这叫作冲日。此时是观赏木星的好机会，因为它几乎整夜可见，亮度也正好达到最高。

伽利略卫星的运动

400 多年前，伽利略首先发现了木星最大的四颗卫星，并从它们身上洞悉了日心说的秘密，因此它们也被叫作伽利略卫星。这是除了月球之外，我们最容易看到的 4 颗卫星了。你也可以像伽利略一样，通过每天的观察，发现卫星运动的秘密。

1. 准备一张带横条格的纸，在正中画一条竖线，每一条横线与竖线的交点处，画一个等大的小圆，代表木星。

2. 在每天晚上同一时间，用望远镜观测一次木星，将伽利略卫星的位置描绘下来，在左边写上日期。

3. 坚持观测 10 天以上，试试能否描绘出卫星运动的螺旋曲线。再想想看，如何从中推算出卫星公转的周期呢？

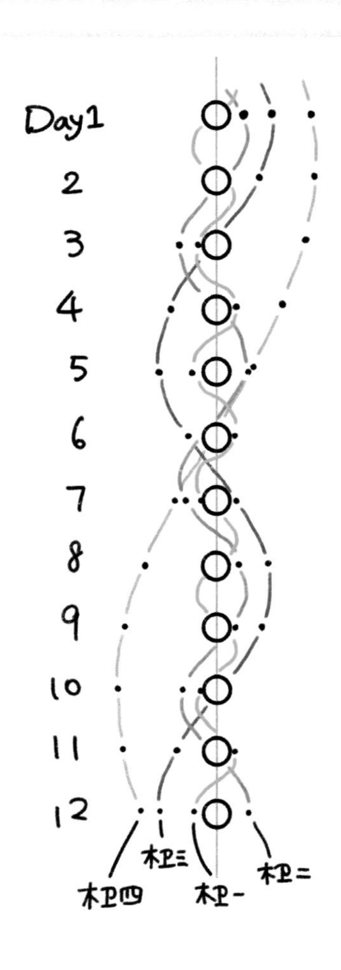

最美的行星

土星光环

土星的光环绝对是太阳系最神奇的风景。它不仅范围巨大，而且十分明亮，即使用小望远镜也能看到。土星光环有大约 200 000 km 宽，但是厚度只有大约 100 m，如果按此比例将土星环缩到全张纸的大小，土星环甚至比纸还薄得多。土星的光环实际上是无数碎石和冰块，可能起源于一颗被引力撕碎的冰质卫星。

漂在水上

土星是太阳系内密度最小的行星，它的密度甚至比水还小。如果有一个足够大的水池，土星可以在其中漂浮起来。有趣的是，土星的光环密度比水大，会沉到水底。

卡西尼缝

土星光环并不是连续的，中间有很多缝隙，最宽的一条是卡西尼在 1675 年发现的。用 15 cm 以上口径的望远镜就可以看到卡西尼缝。后来，探测器飞临土星身边拍下光环的照片，发现光环被大大小小的缝隙分割成了成千上万条细环，这些缝隙都是土星卫星的引力造成的。

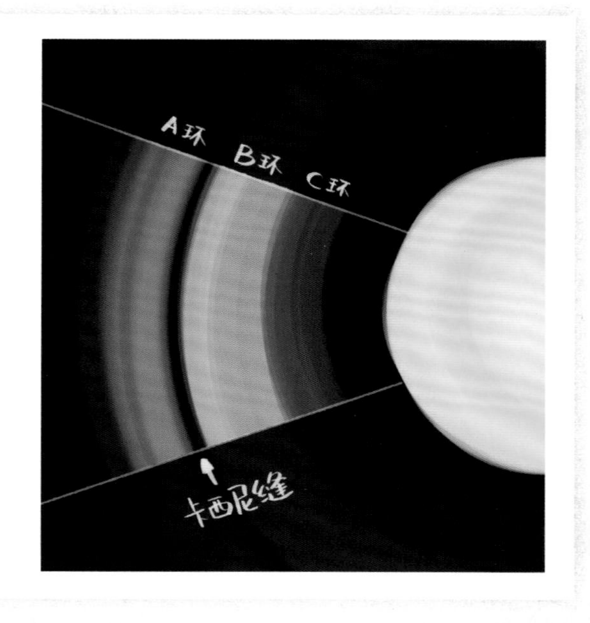

土星光环不见了

在土星长达 29 年的公转周期中，光环的角度不断变化，这是由于土星轨道的倾斜造成的，也是土星的看点之一。我们有时看到宽大的光环，有时看到窄小的光环，甚至有些时候，土星光环消失不见了——那时我们正从光环的侧面看过去，因此什么也看不到。

最多卫星

目前，人们发现土星拥有 82 颗卫星，是太阳系卫星最多的行星。不过，随着技术发展，人们观测到的卫星数量一直在变化，因为不断有新的卫星被发现。土星就是在 2019 年被新发现了 20 颗新卫星，从而超过木星的 79 颗卫星问鼎冠军的。土星的卫星大小差异非常大，其中最大的卫星——土卫六用小望远镜就能看到。

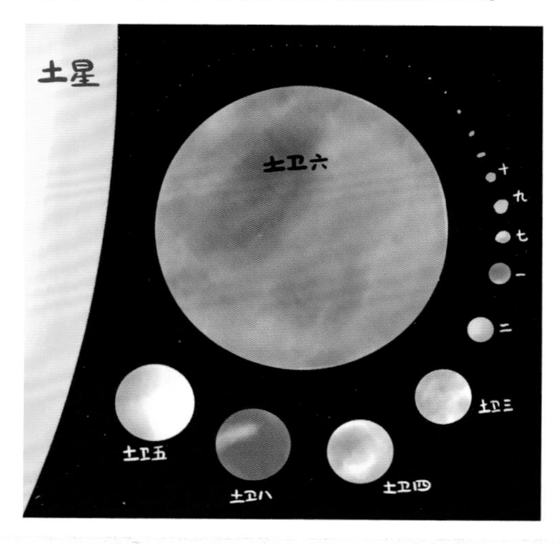

最遥远的行星

天王星与海王星

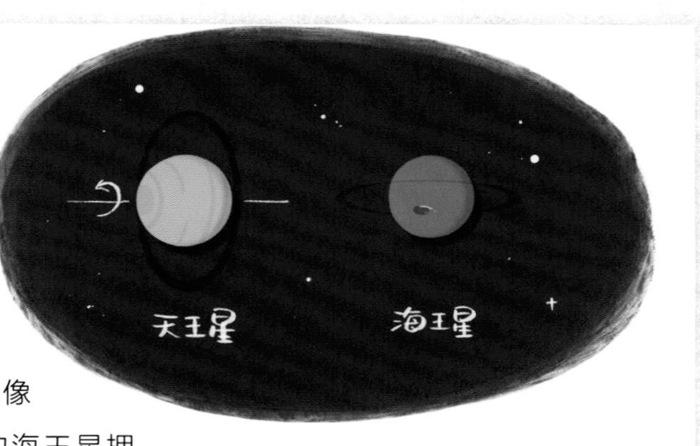

这两颗行星也被称为冰巨星，因为它们离太阳非常遥远，温度极低。青绿色的天王星自转轴几乎和公转轴垂直，因此它看起来就像是躺在轨道上自转。深蓝色的海王星拥有太阳系最快的风速，它表面上最显著的特征就是一个极其深邃的风暴——大黑斑，这也是全太阳系风速最快的风暴。天王星和海王星都有光环，但非常暗淡和稀疏。

最亮与最暗的行星

当最亮的行星遇上最暗的行星，这将是一场有趣的邂逅。在地球上看，金星亮度通常在 -4 等以上，而海王星亮度通常只有大约 8 等，二者的亮度足足相差 6 万倍。有的时候，金星与海王星会非常接近，这时利用金星就很容易找到海王星。

天王星和海王星的亮度

由于这两颗行星距离太阳很远，在地球上看起来十分暗弱。它们最亮的时候是在冲日前后，天王星的最亮时能达到 5.4 等，接近肉眼可见的极限。而海王星最亮时只有 7.8 等，肉眼是看不到的，需要借助望远镜。由于它们太过遥远，因此亮度的浮动范围也不大，全年的亮度都差不多，除了运行到太阳方向时，几乎都可以观测。

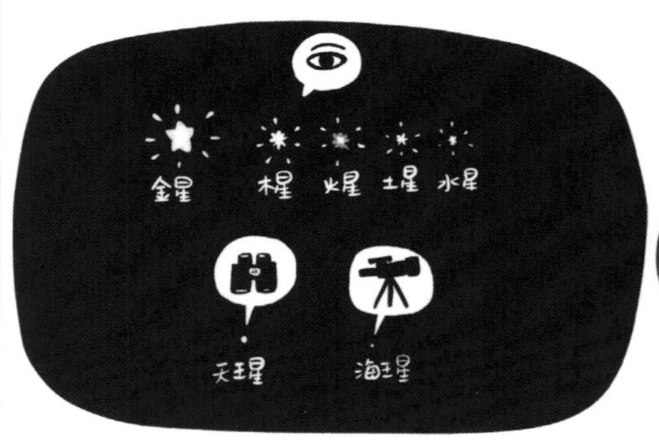

如何寻找冰巨星

寻找天王星和海王星要把握好时机，最好不要选择它们走到暗星众多的区域时寻找。而应该等它们位于一个星星不多的区域，或者接近一颗亮星时，利用这颗亮星作指引，就很容易找到它们了。

望远镜中的天王星和海王星

在小望远镜中，天王星和海王星都只是一个蓝色的小点，是看不到任何细节的，不像其他行星那样富有质感，看起来像是恒星。但仔细观察，它们也不同于普通的恒星。恒星的光芒锐利且闪烁，天王星和海王星的光芒却很温和。

行星追逐游戏

同时可以看到几颗行星

理论上，我们可以同时看到五颗肉眼可见的行星，但机会很难得。当金、木、水、火、土这五颗行星全在太阳的东边或者西边时，我们有可能在傍晚或者黎明同时看到它们。

这里的“难点”是水星，因为能看到水星的机会太少了。如果不算水星，同时看到金、木、火、土四颗行星的机会就会多一些。

行星连珠

行星连珠有两种情况。一种是在天空中排成一条线，这种比较常见，因为行星都在黄道附近，当几颗行星离得不太远时，它们总是能连成一条线的。还有一种是在太空中连成一条线，这时候在地球上看，就是几颗行星位于很小的范围内，非常壮观，也更罕见。下一次“六星连珠”发生在 2040 年 9 月 8 日，在地球上能看到金星、木星、水星、火星、土星和月亮聚集到一起。

行星与深空天体相遇

行星在天空中穿行的过程中，有时会遇到一些深空天体，也是很好看的天象。比如金星每隔8年会进入昴星团一次，下一次发生在2028年4月4日。再如行星与鬼星团相遇，这一现象发生得更加频繁，几乎每年都有几次。

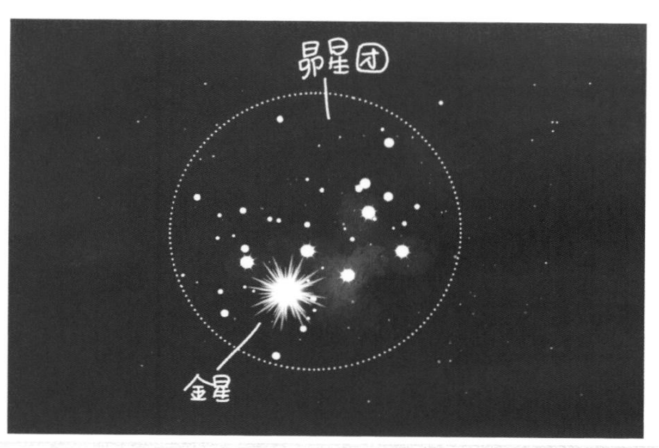

行星追逐赛

行星在天空中穿行，经常彼此接近，每年都会发生几次。最有观赏性的便是明亮行星的接近，比如金星和木星。

罕见的行星大接近

在极罕见的情况下，行星之间近到好像挨在了一起，这时用望远镜观赏，会同时看到两颗行星的细节，是非常难得的。更极端的现象是，一颗行星把另一颗挡住（称为掩），或从另一颗正前方穿过（称为凌）。下一次这样的现象是2065年11月22日的金星凌木星，但是地球上只有很小一片地方能看到。

4

太阳系里的小天体

漂浮的石块

小行星在哪里

太阳系里漂浮着无数形状不规则的大石头，它们比行星小得多，所以叫小行星。大多数分布在火星和木星轨道之间。直径大于 1 km 的小行星有数百万颗，更小的小行星不计其数。

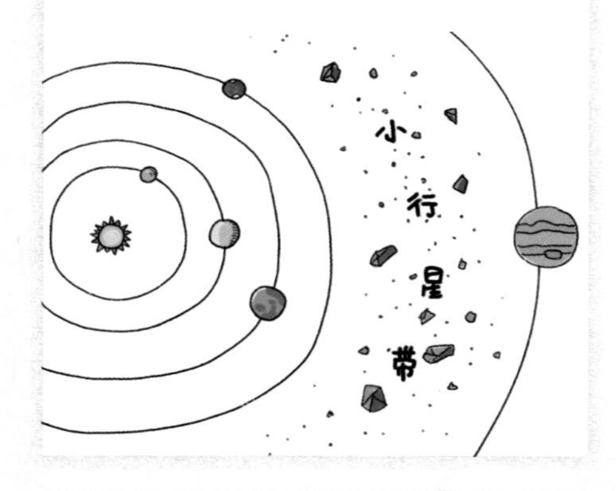

捕捉小行星的踪迹

用相机捕捉一颗小行星吧！

1. 事先查询一颗小行星的大致方位，这个信息可以在天文年历或者星图软件中查到。

2. 在几个晚上的时间里，用相同的参数拍摄那一片天空。

3. 对比几个晚上照片中的星点，你会发现有一颗星星明显地移动了，它就是小行星。

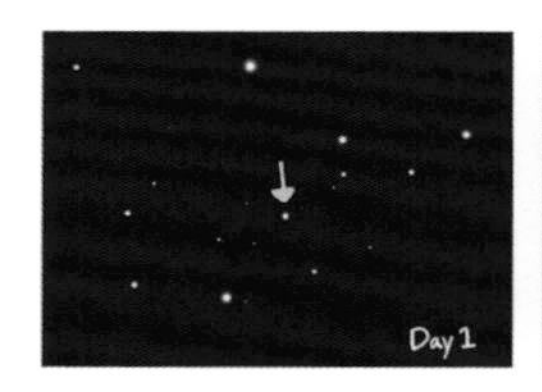

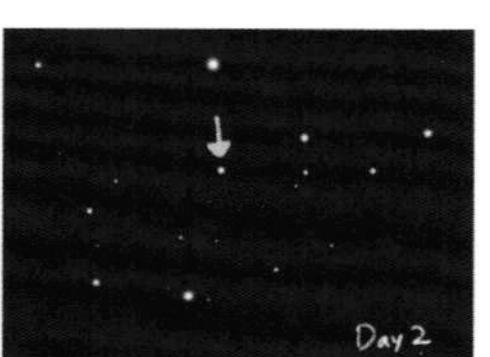

能看到小行星吗

在最大的小行星行列中，至少有五颗亮于 7 等，用望远镜是比较容易看到的。它们看上去就像是普通的星星。最亮的是 4 号小行星灶神星。它是唯一一颗肉眼可以看到的小行星，最亮的时候达到了 5.2 等。

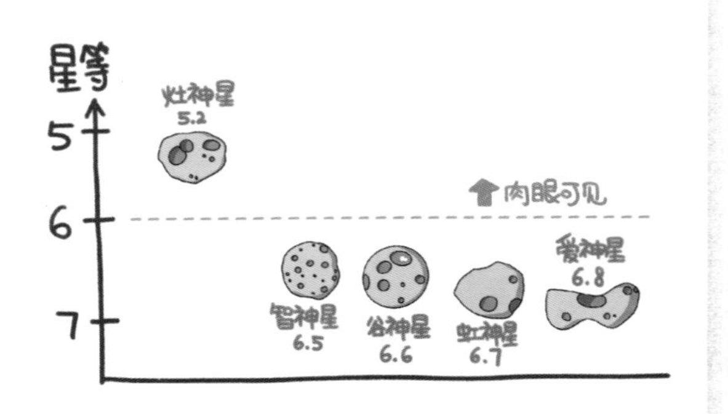

名人小行星

发现小行星的人有权为小行星命名，在中国，很多省市地区、机构、学校和个人的名称都被用于命名小行星，有几百个之多。比如，用地名命名的有北京、天津、内蒙古等；用机构、学校命名的有北京天文馆、南京大学、北师大、广州七中等；用名人命名的小行星有张衡、孔子、钱学森、杨振宁、杨利伟、周杰伦，等等。

特洛伊小行星

有一种小行星很特殊，它们被大行星的引力控制，在行星轨道上两个被称为拉格朗日点的位置达到平衡，与行星保持着一定的距离，一起绕着太阳转，就像行星的两群宠物，这种小行星叫作特洛伊小行星。目前已知的特洛伊小行星大部分位于木星轨道上，在其他行星轨道上也有发现。

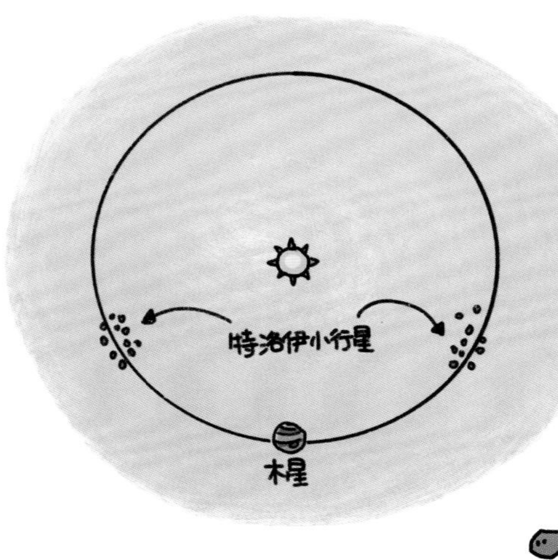

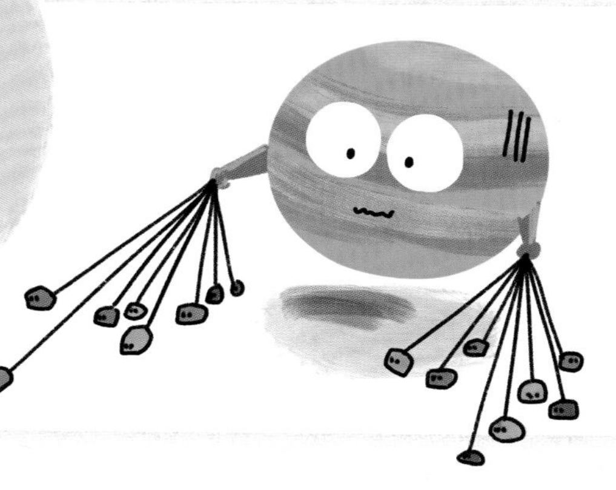

寻找冥王星

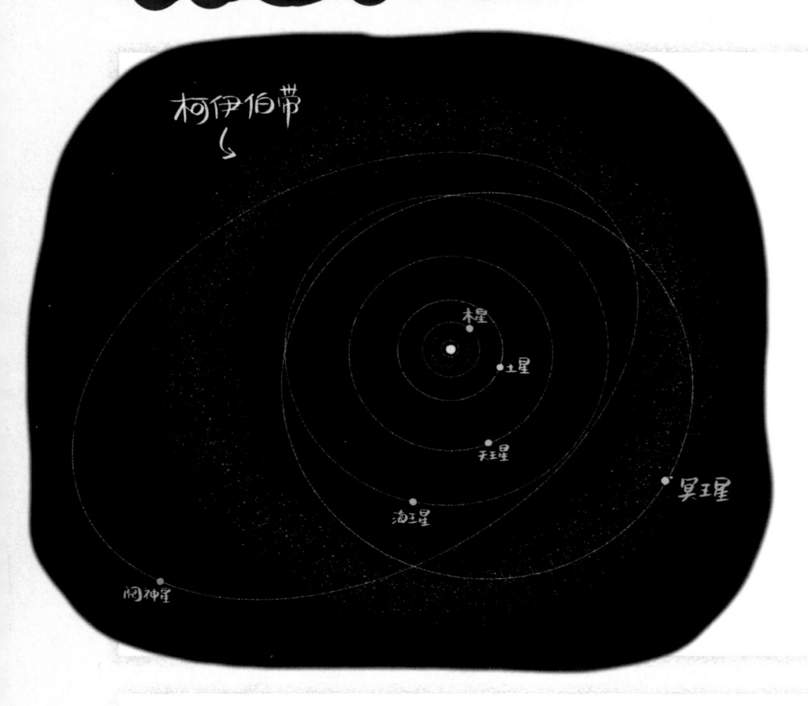

海王星的外面

海王星是距离太阳最远的行星，但是，在海王星之外并非一片空旷，而是非常热闹的。这里有一片叫作柯伊伯带的区域，和小行星带类似，也有无数小天体绕着太阳运行。不同的是，它们大多是冰质的小行星。

从行星到矮行星

冥王星在 1930 年被发现之后，一直被认为是太阳系的第九大行星。但是它的轨道很扁，离太阳最近的时候比海王星还近，轨道倾斜得也很明显，看起来和其他行星格格不入。后来科学家在冥王星轨道附近发现了柯伊伯带，里面还包含一些和冥王星差不多大的天体，这使得冥王星的行星地位受到了挑战。终于，在 2006 年，国际天文学联合会添加了矮行星的定义，将冥王星划归为矮行星。

矮行星家族

目前普遍认为矮行星包括冥王星、阋神星、妊神星、鸟神星和谷神星，其中谷神星是唯一一颗位于小行星带中的矮行星，其他都位于柯伊伯带。还有一些候选天体，由于太过遥远，人类对它们的了解还不够。

寻找冥王星

冥王星非常暗，要想看到它，必须借助一台较大的望远镜，还需要一份详细的星图才行。由于冥王星的轨道非常扁，它在近日点附近时亮度是 13 等，在远日点时只有 16 等。最近这些年，冥王星在冲日时的亮度是 14.5 等。

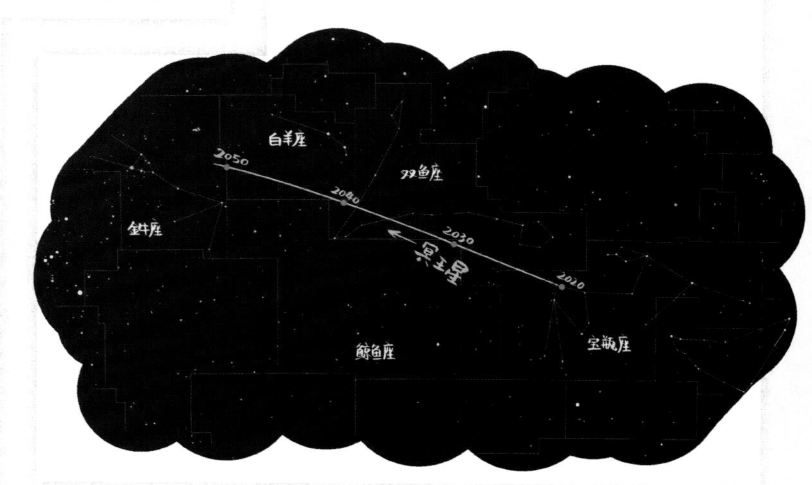

看冥王星要抓紧

冥王星的公转轨道很扁，公转周期长达 248 年，距离太阳最近时比海王星还近。在 1979 到 1999 年间，冥王星就位于海王星轨道的内侧。而现在它正在渐行渐远，向远日点走去，亮度也越来越暗，因此要观测冥王星就要抓紧啦！下一次它再回到近日点就是 2237 年的事了。

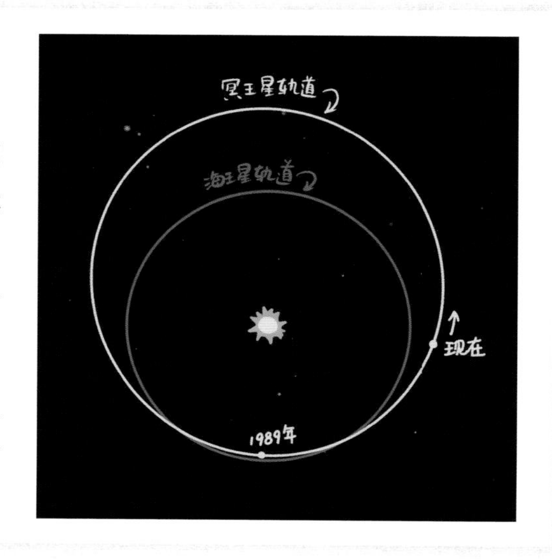

拖着尾巴的彗星

观测彗星的快乐

彗星的模样不同于其他任何一种星体，它通常散发出模糊的光芒，多数彗星还会拖着一条或几条尾巴，不知什么时候就突然出现在天空中。最大的彗星尾巴可以扫过大半个天空。每次彗星出现，都值得仔细欣赏，它们给一成不变的天空带来了有趣的调剂。

彗星从哪来

多数彗星来自遥远的太阳系边疆，那里有一个叫作奥尔特云的彗星“仓库”，充斥着冰质的小天体。这些小天体由于偶然的原因受到扰动，才开启了太阳系内部的旅行。当它们离太阳越来越近时，冰渐渐融化，里面的尘埃飘散出来，形成了彗尾。

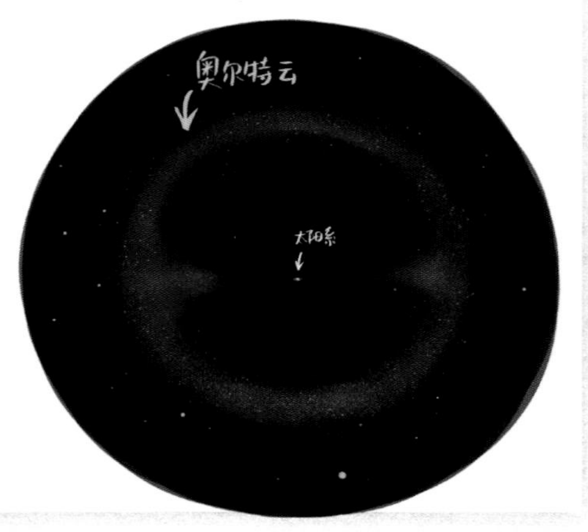

彗星不动？

彗星的图像或照片常常拖着一条尾巴，很有动感的样子，很多人以为它们会快速划过天空。实际上，彗星在天上移动的速度非常慢，看上去彗星就像凝固在天空一样。

脏雪球，化得快

彗星就像一个雪球，表面覆盖着尘埃。

如果彗星是由纯净的雪和冰组成，那么它们反而不容易融化。

你需要：

①冰块

②托盘或碟子

③黑色和白色颜料粉末

④台灯或聚光灯

你可以做下面的实验验证一下。

1、将两块冰放在托盘或碟子上。

2、将黑色和白色的颜料粉末分别撒在两块冰上，完全覆盖。

3、将托盘或碟子放在明亮的台灯或聚光灯下面，等待一会。

覆盖黑色粉末的冰融化得更加迅速。这是因为黑色粉末会吸收灯光的热辐射，而白色粉末会把热辐射反射掉。

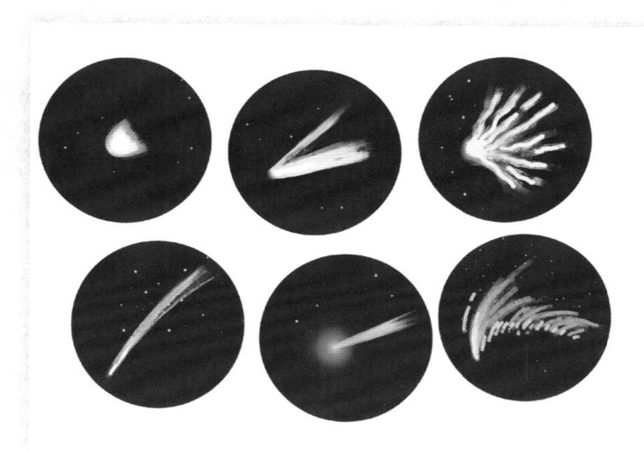

形态各异的彗星

彗星的形态千差万别。有的彗星有好几条分叉的尾巴，有的彗星尾巴像羽毛，有的没有尾巴，有的像一只水母，有的彗尾跨越大半个天空……这也是大家喜欢看彗星的原因之一吧。

彗星的周期

一些短周期彗星每隔几年到十几年就回归一次，其轨道最远不会远过木星。比如恩克彗星，周期只有 3.3 年，从发现以来已经回归了超过 60 次，回归时用肉眼就能直接看到。而长周期彗星的回归周期长达几十年，甚至上千年。如哈雷彗星的周期是 76 年，海尔 – 波普彗星的周期是两千多年。还有一些彗星离开过后就再也不会回来，它们叫作非周期彗星。

等待大彗星来临

大彗星可遇不可求

虽然人们每年都会新发现很多彗星，但它们大多很暗，只有几颗可能用小望远镜或肉眼可以看到。想要看到明亮的大彗星，可要碰运气。人们认为平均每10年会出现一颗大彗星，下一颗大彗星什么时候出现呢？

海尔-波普彗星

海尔-波普彗星是名副其实的世纪大彗星，1995年由两位天文爱好者海尔和波普发现，1997年最亮时达到-1等，即使在城市里也能用肉眼看到。它的两条彗尾非常明显，是1975年以来最亮的彗星了。

哈雷彗星

哈雷彗星恐怕是名气最大的彗星了。哈雷在1696年总结出这颗彗星的回归周期，并成功预言了它的下一次回归，所以赢得了这颗彗星的冠名。实际上，这颗忠实的彗星已经在历史上被记录了至少30次。哈雷彗星上一次回归是在1986年，下一次大约在2062年左右，不要错过哦！

两条尾巴

典型的彗星有两条尾巴，一条叫作尘埃彗尾，跟随在彗星的身后，就像女孩子快速奔跑时的头发。还有一条通常呈蓝色的细尾巴，笔直地背对太阳的方向，这是太阳风吹走彗发中的电离气体形成的。

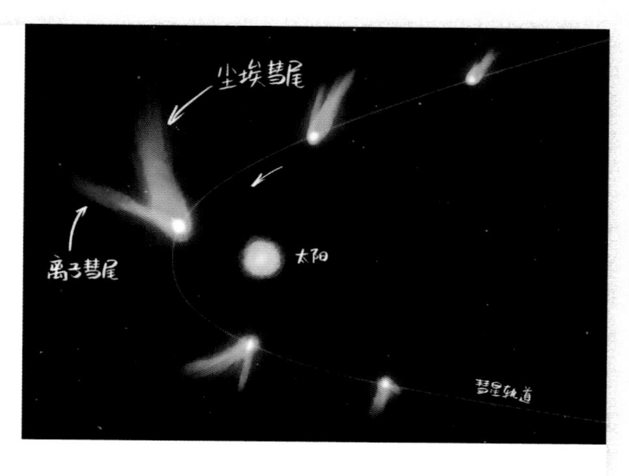

新世纪的大彗星

进入新世纪以来的 20 年，出现过三颗明亮的彗星，前两颗分别是 2006 年的麦克诺特彗星和 2011 年的洛夫乔伊彗星，不过它们最亮时只能在南半球看到。而最近的 2020 年，一颗亮彗星 C/2020 F3（NEOWISE）的到来打破了北半球二十多年未出现亮彗星的宁静。它不仅肉眼可见，彗尾也一度跨越了 10° 的天空。中国还给它起了个名字，叫新智彗星。

那么下一颗亮彗星又将会在什么时候出现呢?

2006
麦克诺特彗星

2011
洛夫乔伊彗星

2020
新智彗星

流星大爆发

流星雨

流星雨大概是最容易被人们赋予浪漫意象的天象吧。然而，流星雨发生时并不如想象般壮观。每年最大的三场流星雨，每小时大约能看到几十到一百颗流星，大部分流星雨每小时只有几颗流星，并不值得欣赏。

流星的尾巴

流星也有不同的形态，有的有尾巴，有的没有。没有尾巴的流星通常都是速度稍稍慢一些的流星。有些明亮的流星划过后，还会留下一道光痕，慢慢散开，这叫流星余迹，有的余迹能持续半个小时之久。

火流星

如果一颗流星非常明亮，亮度超过金星，就称为火流星。出现这种流星时，观赏者往往会情不自禁地发出激动的叫声。

流星的颜色

流星有红色的、黄色的、绿色的、白色的、紫色的，等等，这是由流星体成分的焰色反应以及大气电离发光形成的。来自同一个流星群的微粒往往有相同的起源，所以不同的流星雨也有不同的颜色特征。

流星雨的辐射点

同一个流星雨的流星都有一个特点——仿佛从天空中的某一个点向外辐射出来，这个点被称为辐射点。辐射点位于哪个星座中，就叫哪个星座的流星雨。实际上，流星都是平行进入大气层的，只是由于透视效果，仿佛它们在远方汇聚到了中心点一样。

传说中的狮子座流星暴雨

狮子座流星雨曾经在1833年和1866年发生过巨大的爆发，流星如雨点般掉落，人们在一夜间能看到几百万颗流星。但这样的爆发很罕见，近些年来，只在2001年有过一次强烈的爆发，每小时的流星数达到了几千颗，然后又沉寂下来。

成功地看一场流星雨

选择时间

如果你还没看过流星雨，就选一场规模大、可预测的流星雨开始准备吧。除了流星雨极大的日期，你还要注意一下月相。如果遇上月相饱满的日子，可见的流星数量就会大打折扣。如果是较小的月相，就非常适合看流星雨。除此之外，还要天公作美，如果遇上阴天，那流星雨就告吹了。

选择地点

尽量选择没有灯光、视野好的地方，推荐到郊外的农家院看流星雨。到了晚上，让主人把院子里的灯关掉，就可以安全又惬意地欣赏了。

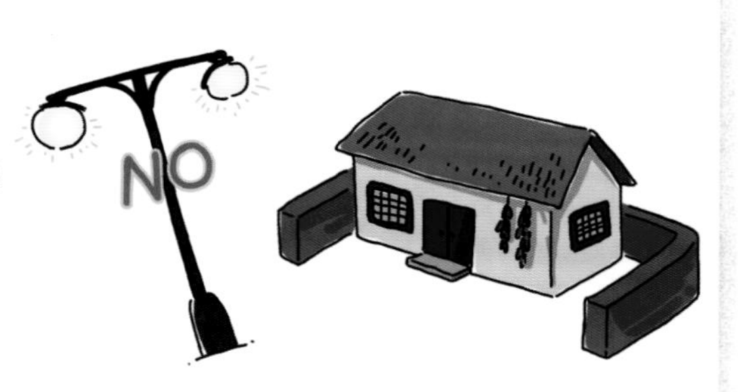

每年值得期待的流星雨

极大日期	流星雨名称	最大流量（颗 / 小时）
1月3-4日	象限仪座流星雨	120
4月22日	天琴座流星雨	20
5月6日	宝瓶座 η 流星雨	40
7月30日	南宝瓶 δ 流星雨	25
8月12-13日	英仙座流星雨	110
10月22日	猎户座流星雨	20
12月14日	双子座流星雨	120

看流星雨的正确姿势

看流星雨不需要望远镜，也不需要任何特别的技术，欣赏流星雨最好的姿势就是舒舒服服地躺着，躺椅和睡袋都是好东西，热水壶也可以准备上。眼睛放松看着天空中任意位置，接下来就等待吧。

由于流星出现的时间和方位无法预测，你需要耐心地盯住一个地方，不要左顾右盼，有的时候好几分钟都没有流星出现，也不要着急，说不定接下来就会连续出现好几颗流星。

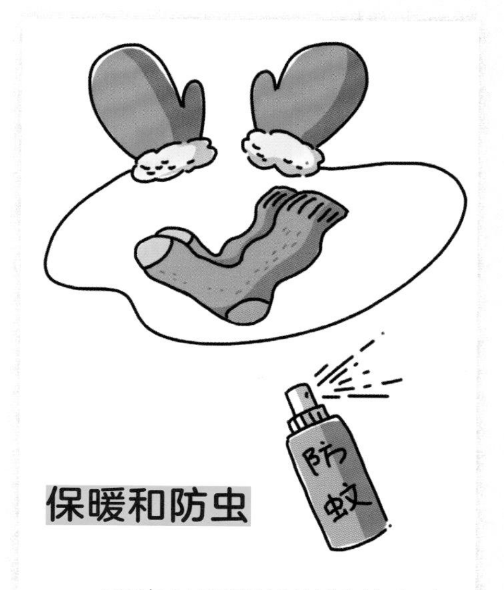

保暖和防虫

看流星雨要长时间待在室外。如果是冬天，保暖很重要。冬天的夜晚非常冷，特别是手和脚，是最先感觉到寒冷的地方，可以多穿几双袜子，必要时还可以在鞋子里贴一片暖宝宝。夏天则需要注意预防蚊虫叮咬，除了蚊子，地上有时也会爬出小虫哦。

判断流星的归属

一颗流星出现了！它属于你所关注的某某座流星群，还是一颗偶然出现的无关的流星？只要把它反向延长回去，看是不是从辐射点方向而来，就知道它是不是“群内”流星了。

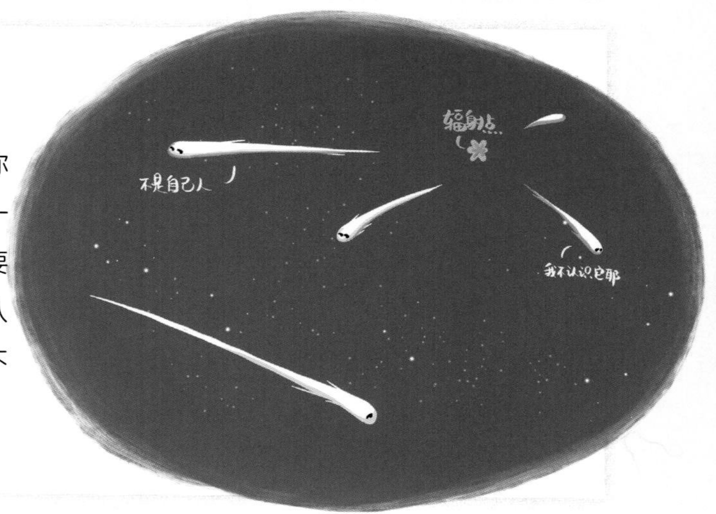

落到地上的星星

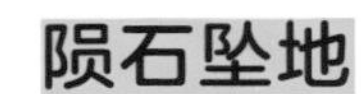

陨石坠地

如果闯入地球大气层的流星体足够大，没有在大气层中燃尽，就会落到地球上，这就是陨石。很多人喜欢收藏陨石，摸着从太空来的物体，感觉很不一样吧。

来自月球和火星的陨石

大部分陨石来自太阳系中游荡的小行星，但有少部分陨石来自月球和火星。它们是母体被撞击时溅出的碎块，经过千百万年的漂泊，以极小的概率与地球相遇，才来到地球上。科学家通过检测其中的成分，就知道它们来自哪里。

陨石的种类

常见的陨石分为石陨石、铁陨石和石铁陨石三类。石陨石最常见，很像地球上的石头，不要小看它们，因为它们往往保存着太阳系刚刚诞生时的信息。铁陨石中富含铁和镍，虽然看上去像石头，却比石头重得多。石铁陨石是一种罕见的陨石，内部混合了橄榄石和铁镍合金等，这种陨石切片，在光照下非常漂亮。

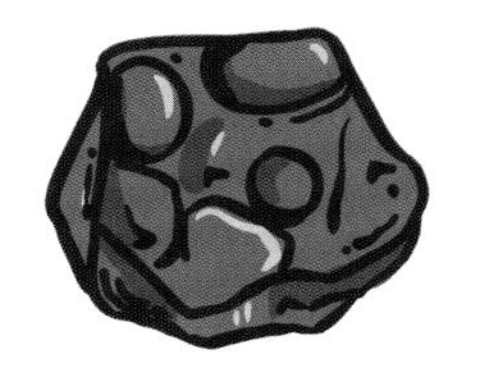

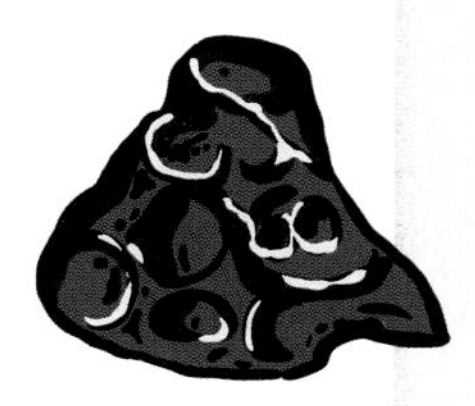

参观陨石坑

地球在经受巨大陨石的撞击时就会形成陨石坑，多数陨石坑在漫长的岁月中随着沧海桑田的变化消失了，只有少部分还能看出一些撞击的迹象。保存最完好的陨石坑是位于美国亚利桑那州的巴林杰陨石坑，它静静地躺在荒芜的戈壁中，位于弗拉格斯塔夫市以东 60 km 处。它的直径为 1.2 km，深 170 m，是 5 万年前的一颗直径 50 m 的小行星撞击形成的。今天，这里已经被开发成一个小博物馆，是天文爱好者的旅行胜地。

陨石纪录

世界上最大的陨石是纳米比亚的霍巴铁陨石，重 66 吨，从发现到现在从没移动过地方。

陨石收藏家

收藏陨石

想成为一个陨石收藏家吗？陨石既有科学价值，又有鉴赏价值，很多人以收藏到稀有、漂亮的陨石为傲。如果你也想收藏陨石，一定要学习陨石的知识，掌握鉴别陨石的技巧。市场上充斥着大量假陨石，开始时建议通过正规的机构收藏有证书的陨石，慢慢锻炼、积累经验，才能慧眼识真。

辨别陨石小妙招

1. 陨石经过大气层时，表面会被熔化，形成一层黑色的熔壳，这是陨石最明显的特征。

2. 在空气的冲击下，陨石表面会形成圆润的凹坑，叫作气印，也是陨石的典型特征。

3. 多数陨石含有铁，用磁铁吸一吸，会被吸住。

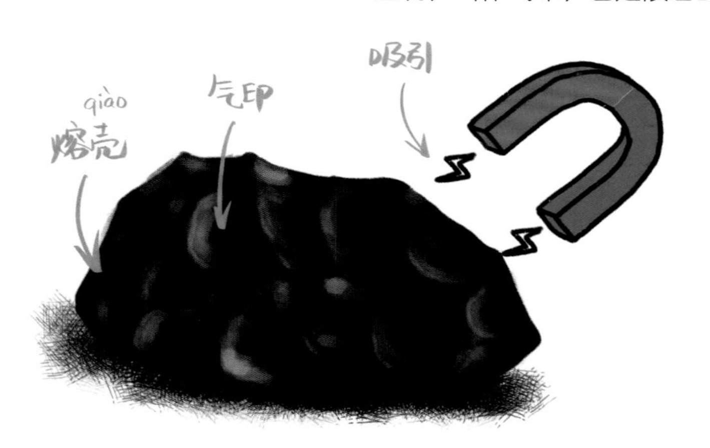

如果一块石头具有以上所有特征，就很有可能是一块天外来物啦。

寻找陨石

在沙漠中和南极洲找到的陨石最多，这是因为在黄色和白色背景中，黑色的石头很容易被发现。如果陨石掉在山里，就很难被发现了。

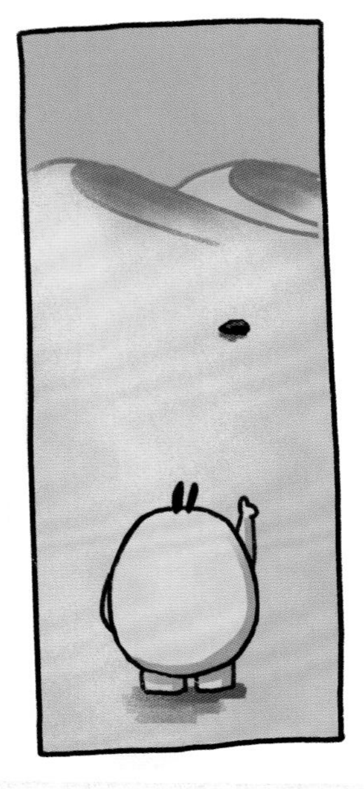

你需要：

①大水盆

②磁铁

收集微陨石

每天都有大量来自宇宙的陨石微粒飘落在世界各处，下面就教你一个方法收集它们：

1. 在连续下雨的日子选择一个远郊的地方，避开城市的工业灰尘。

2. 将大水盆放在户外几天，收集雨水。

3. 小心地将绝大部分水倒掉，注意别把盆底积累的颗粒和尘埃倒出去。

4. 蒸发掉盆里的剩余水分。

5. 用磁铁去吸盆底的颗粒，被吸起来的小金属颗粒，就是来自太空的小陨石哦！

5

恒星

星星表演的舞台

天空的颜色

白天的天空是蓝色的，这是由于大气散射了太阳光中的蓝色光。夜晚呢？身处暗夜之中，你可能会说天空是黑色的。这其实是因为我们的眼睛在弱光环境下对颜色十分不敏感，于是很难分辨颜色。实际上，夜晚的天空是一种很深的蓝色，因为总有少量的太阳光照射在高层大气上，或者被太空中的尘埃反射，进入我们所面对的夜空。在有月光的夜晚，更容易察觉夜空的颜色，用相机拍摄下来，就能看到明显的蓝色夜空。

模拟天空

你需要

①透明水杯
②水
③牛奶
④勺子或滴管
⑤强光手电

1. 在杯子里加一些水。

2. 在水中加入几滴牛奶，用勺子搅拌均匀。

3. 用强光照向水中，你看到了什么颜色？蓝色。此时，牛奶的微粒充当了大气中的微粒的角色，将蓝色光散射，于是我们就看到了如同天空一样的蓝色。

天空看起来像个半球

恒星们实在太过遥远，我们的眼睛没有能力分辨它们谁远谁近，于是我们就会把夜空想象成一张球形的巨幕，而星星则“镶嵌”在这张球幕上面，这个想象中的球体就叫作天球。脚下的大地朝地平线方向延伸，将天球分成上下两半，我们看到的就是地平线以上的一半天球。

天空中的方向

在观星时，我们也常常按照东方、南方、西方和北方的星空来划分夜空。头顶正上方不属于任何一个方向，它有一个专门的名字叫天顶。我们常用“上北下南左西右东”这个口诀记忆地面上的方向，但是当我们头朝北躺在地上，面向天空时，情况发生了变化，变成了“上北下南左东右西”，一定要牢记这一点不同。

天空中的角度

描述天空中两颗星星之间的距离，不能用长度单位，只能用角度。想象一下，从你的眼睛分别向两颗星星连一条线，连线的夹角就是这个角度。比如，从地平线到天顶是 90°，月亮的直径是 0.5°，北斗七星的宽度大约是 25°。

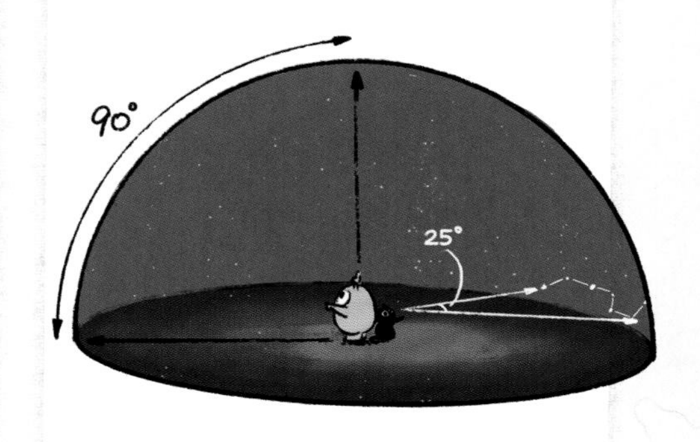

星星的世界

恒星的距离

天上的星星看上去都差不多远，这是因为它们太过遥远，我们的眼睛无法分辨它们的距离。实际上，恒星的距离差别很大，除了太阳之外，最近的恒星距离我们有 4.2 光年。那些最亮的星星，大多数距离我们只有几光年到十光年。肉眼能看到的最远的恒星，距离我们几千光年。

满天星星多恒星

我们在夜晚看到的星星基本上都是恒星，每一颗恒星都是一个炽热的大火球，组成它们的物质主要是氢和氦，还有少量其他元素。在恒星的中心，核聚变产生巨大的能量，并在恒星的表面将能量释放出来。

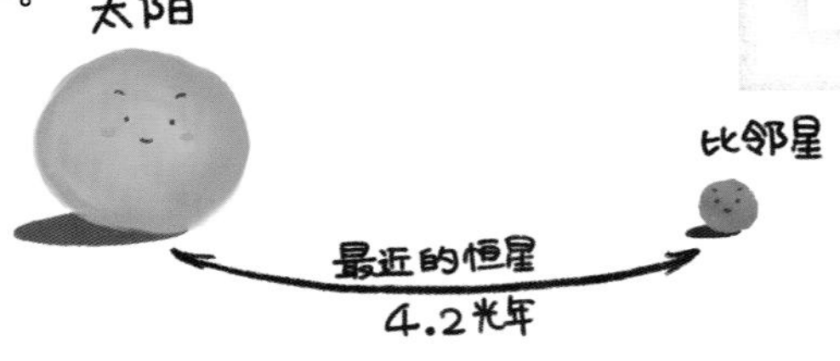

光年：是光在太空中走一年的距离，大约是 9.46×10^{12} km。乘坐飞机飞一光年的距离大约需要 120 万年。

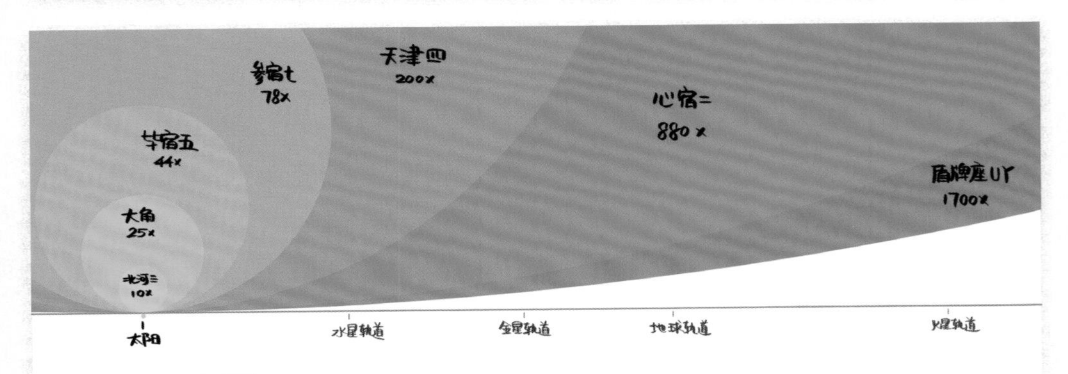

恒星的大小

在恒星世界中，太阳只是一颗普通的小恒星。目前已知最大的恒星是盾牌座 UY，直径是太阳的 1700 倍，如果把它放到太阳的位置，它的表面会超过木星的轨道。最小的恒星直径只有不到太阳的 1/10，只比木星大一点。

视差如何产生

你需要

①贴纸

②铅笔

我们的大脑能够感知到远近，多亏了我们有两只眼睛。你可以做这样一个简单的实验。

1. 在墙上贴几张贴纸。

2. 站在距离墙壁约 2 m 处，伸直手臂，举起铅笔，闭上右眼，只用左眼看铅笔尖在贴纸中间的位置。

3. 再闭上左眼，只用右眼看笔尖的位置，就能发现笔尖相对贴纸移动了。

这就是视差。天文学家就是利用这个原理测量附近恒星的距离的，只不过不是利用双眼的距离，而是地球在公转轨道上不同位置的距离。

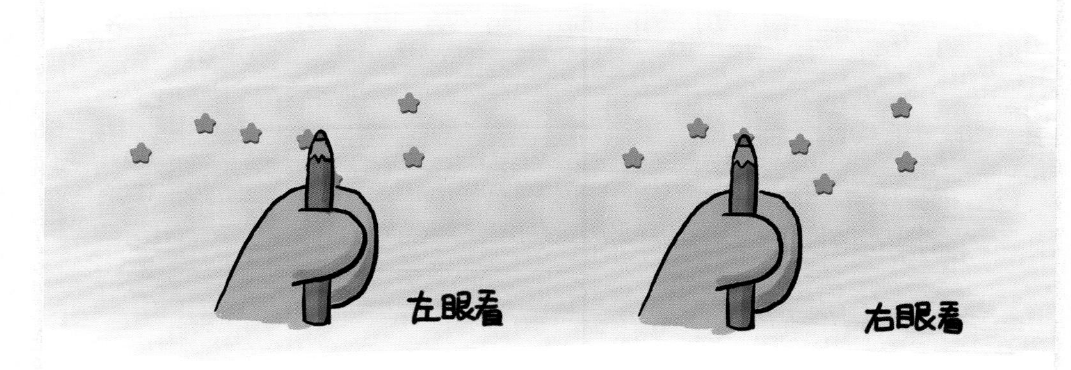

恒星的指纹——光谱

用三棱镜可以把太阳光分解成一道“彩虹”，如果我们认真看这道彩虹，就会发现其中不同颜色的光强度不一样，这就叫光谱。每颗恒星的光谱都是独一无二的，就像指纹一样。天文学家能从光谱中知道恒星是由哪些元素组成的。

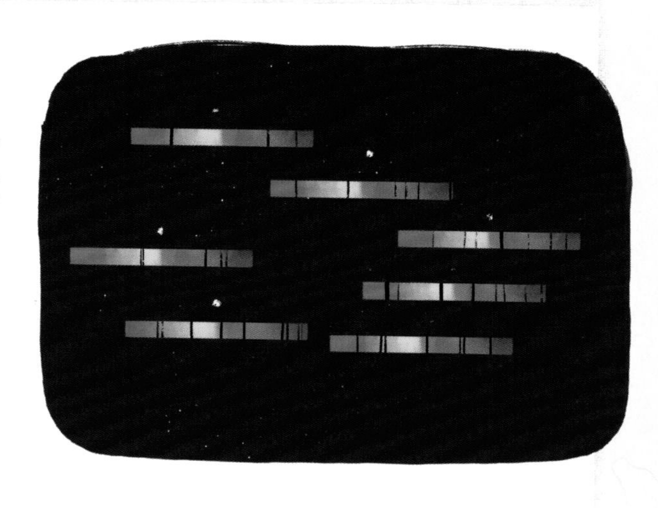

星星的亮度

星星的亮度纪录：

最亮的行星是金星，能达到—4.8 等

最亮的恒星是天狼星，—1.46 等

描述星星的亮度

星星亮度用星等来表示，星星越亮，星等数值就越小，反之就越大。最亮的一些恒星可以达到 1 等或 0 等，肉眼可以看到的最暗的星是 6 等。比 0 等星更亮的就用负数表示，比如天狼星是－1.46 等，金星是－4 等。

每个星等之间的亮度差别大约是 2.5 倍。这样一来，相隔 5 个星等，亮度就相差约 100 倍。所以可以说，1 等星的亮度是 6 等星的 100 倍。

我们在地球上肉眼所见的星星亮度叫“视星等”，在距离恒星10秒差距（32.6 光年）处测得的星等为绝对星等。

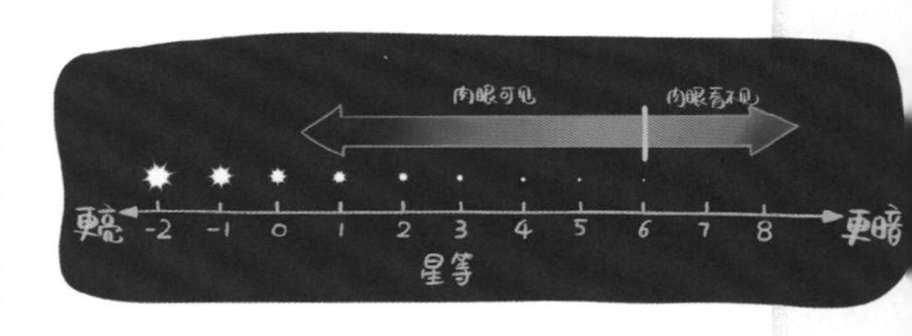

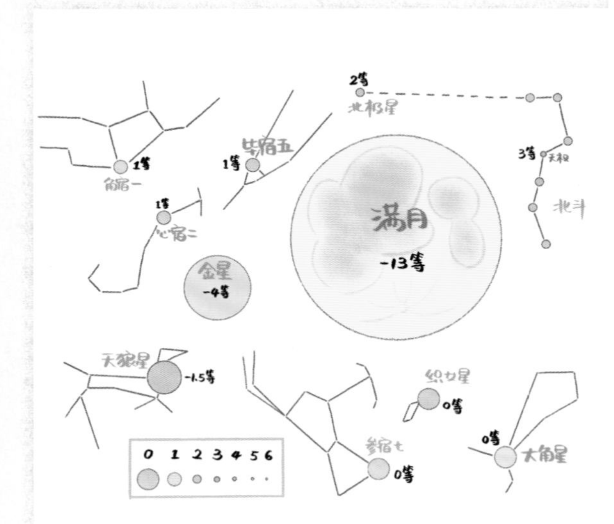

熟悉一些著名星星的亮度

记住一些星星的亮度很有必要，因为你会经常用到它们，不仅可以帮助你熟悉星空，还能估算临时出现的天象的亮度，比如流星和人造卫星。

最亮的恒星天狼星是－1.46 等。织女星、大角星、参宿七都是 0 等星。毕宿五、心宿二、角宿一都非常接近 1 等。北极星是一颗 2 等星。北斗七星里有 6 颗的亮度都在 2 等左右，只有天权是 3 等星。天王星接近肉眼可见的极限，是 6 等星。金星的亮度几乎总在－4 到－5 等。满月的亮度是－13 等。

亮星排行榜

最亮的星星是这些：

排名	星名	拜耳名	视星等
1	天狼	大犬座 α	−1.44
2	老人	船底座 α	−0.62
3	南门二	半人马座 α	−0.28
4	大角	牧夫座 α	−0.05
5	织女一	天琴座 α	0.03
6	五车二	御夫座 α	0.08
7	参宿七	猎户座 β	0.18
8	南河三	小犬座 α	0.4
9	参宿四	猎户座 α	0.45
10	水委一	波江座 α	0.45
11	马腹一	半人马座 β	0.61
12	河鼓二	天鹰座 α	0.76
13	十字架二	南十字座 α	0.77
14	毕宿五	金牛座 α	0.87
15	角宿一	室女座 α	0.98
16	心宿二	天蝎座 α	1.06
17	北河三	双子座 β	1.16
18	北落师门	南鱼座 α	1.17
19	天津四	天鹅座 α	1.25
20	十字架三	南十字座 β	1.25
21	轩辕十四	狮子座 α	1.36

偶然出现的明亮天体

如果你在天空中看到了比最亮的星星还明亮的天体，也不用奇怪。国际空间站过境可以达到−4 等，明亮的火流星可以比这还亮得多；银河系里的超新星爆发（极罕见）也必定会非常明亮。更常见的，则是飞机上的灯或者风筝，如果你愿意，也可以用星等描述飞机和风筝的亮度。

肉眼观星

数星星

满天繁星共有多少颗？要数清楚似乎是一个不可能完成的任务。但事实上，全天肉眼可以看到的星星大约只有6000颗。而无论何时，我们只能看到一半的天空，也就是3000颗左右的星星。如果1秒钟数一颗，可以在1个小时内数完。

星星眨眼睛

“一闪一闪亮晶晶，满天都是小星星……”星星好像都在闪烁不停，特别是低空的星星。这是大气扰动造成的。遥远的星光就是一个光点，大气的湍流让星星“眨”起了“眼睛”。小朋友们可能觉得眨眼睛的星星特别可爱，但天文学家可不喜欢这个现象。在望远镜中被放大之后，星星动来动去，停不下来，就很难进行观测。

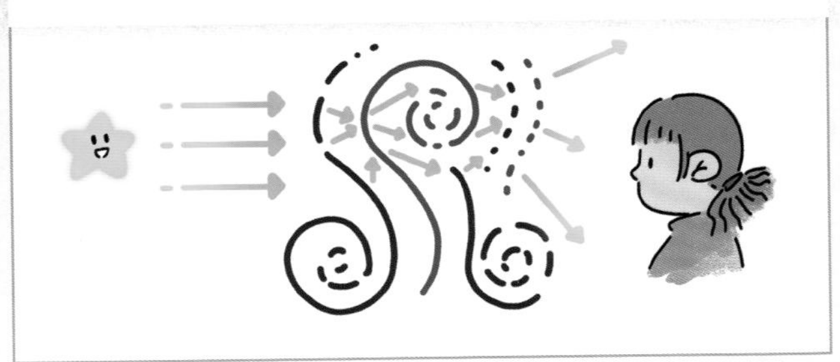

看到银河

在城市里长大的人第一次看到银河都会激动得惊叫，因为银河在城市里基本见不到。银河像一条光带，弯弯曲曲地穿过天空，那是我们身处的银河系中无数遥远的恒星聚集在一起的样子。其实银河并不难看到，只要到郊外去，远离城市的光污染，用肉眼就可以看到。

极限星等

通常认为人眼只能看到 6 等星，这是人眼的极限星等。但每个人的视力不同，对不同的人来说，极限星等也是不同的。据说视力好的人能看到 6.5 等星，甚至更暗的天体。而近视或者散光的人极限星等只有 4 ~ 5 等。

在不同地区能看到的极限星等也不同。大家都有感受，在宁静的乡村能看到的星星特别多，而城市中似乎只有寥寥数颗。城市由于存在空气污染和光污染，通常只能看到 2 ~ 3 等星，这便是城市中的极限星等。

地平线上的星座特别大

刚从地平线上升起的太阳和月亮看起来要比高挂在天空中时大得多，这是一种错觉。同样，刚刚升起或即将落下的星座也显得特别大。

星星的颜色

颜色与温度

恒星的颜色取决于表面温度，温度最低的恒星是红色的，温度最高的恒星是蓝色的，二者之间按照温度从低到高，还有橙色、黄色、白色、蓝白色的恒星。这和我们生活中的经验恰恰相反，我们总是觉得蓝色很冷，红色很热。

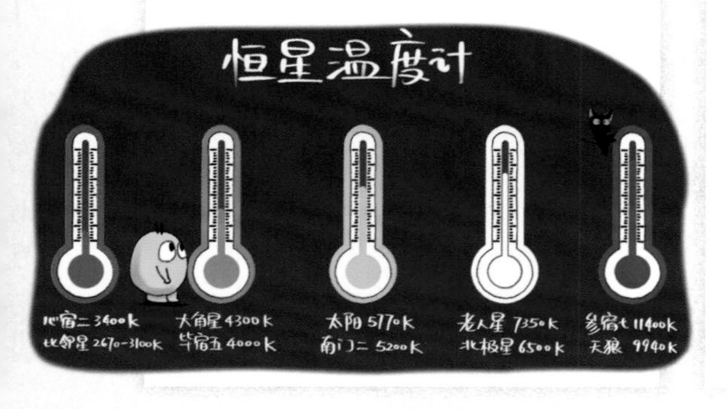

能看到恒星的颜色吗

观星时，注意一下星星的颜色，你应该能看到红色、橙黄色、白色和蓝白色的恒星。不过，人眼在暗环境中对颜色很不敏感，所以大部分恒星看上去都是白色的，只有那些最亮的恒星能够用肉眼识别出颜色。

两颗明亮的红超巨星

夏季夜空中的心宿二，和冬季夜空中的参宿四，是天空中最红的两颗亮星。这两颗星在天球上正好处于相对的位置，总有一颗在夜空中。

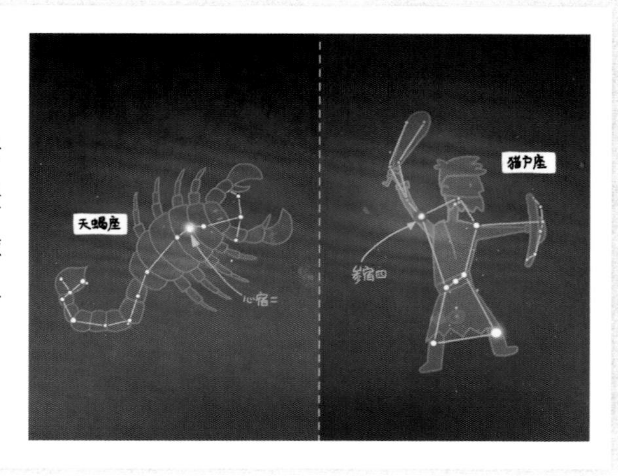

有绿色的星星吗？

从理论上来说，人眼中的恒星是没有绿色的。但是历史上曾经有人记录，天秤座的氐宿四是绿色的。当然，现代的观测仍然证明它就是一颗普通的蓝色恒星。你可以亲自去看一看，证实一下氐宿四到底是绿色还是蓝色。

“五彩斑斓”的天狼星

这些五彩斑斓的星点都是天狼星。天狼星本来是一颗蓝白色的恒星，为什么会呈现这么多不同的颜色呢？要拍摄这样的照片，你需要按照下面的步骤操作。

1. 在冬季或初春找一个天气晴朗的日子，等待天狼星刚刚升起或即将落下，接近地平线的时候。

2. 使用单反相机和一个长焦镜头，对准天狼星。

3. 使用手动对焦，将天狼星虚焦，这时它就是一个圆斑。

4. 拍摄一段视频。

5. 用视频编辑软件一帧一帧地查看。

在大气扰动的影响下，天狼星的光芒被强烈地折射，就产生了各种各样的颜色。

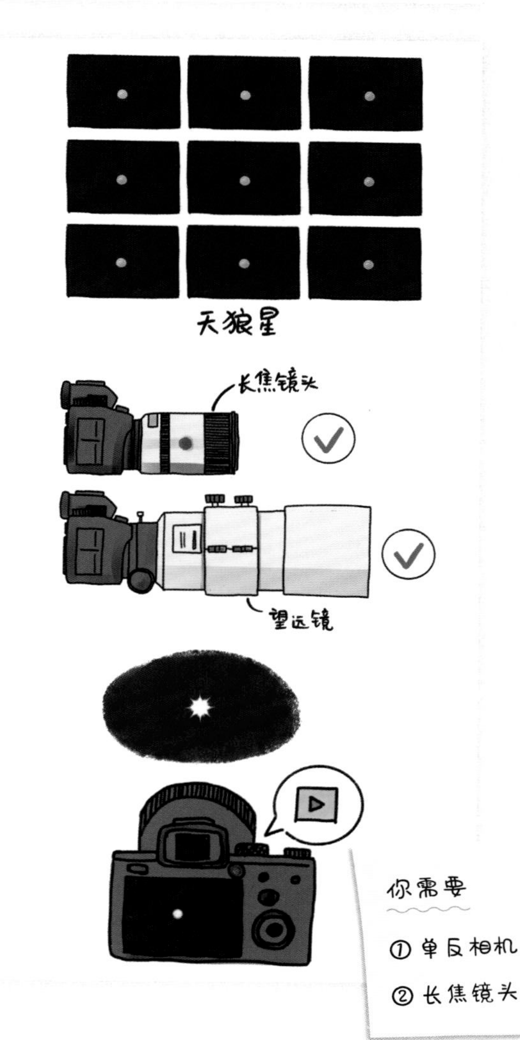

你需要

① 单反相机

② 长焦镜头

恒星

成双成群

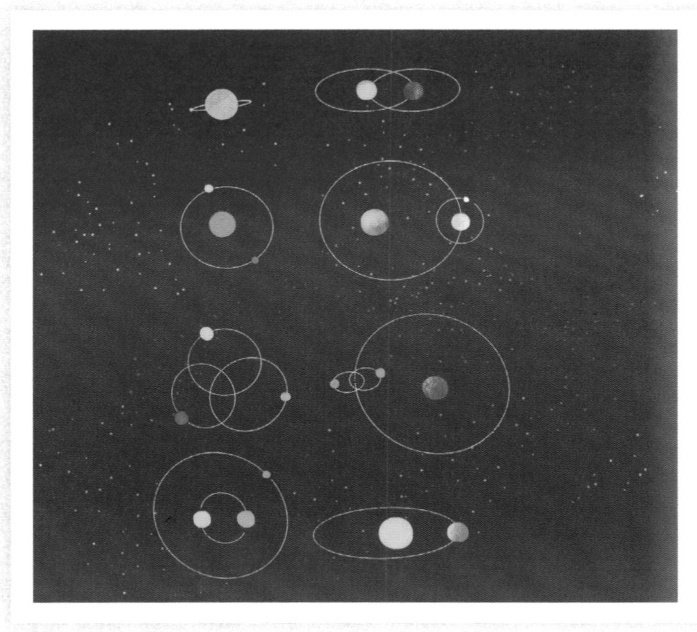

双星与聚星

虽然星星看上去都是一颗一颗的，但事实是大部分恒星都是成对或者成群出现的。很多恒星的身边，还有我们看不到的伴星。就拿最亮的恒星天狼星来说吧，它的身边有一颗 8 等的白矮星伴星，用大一些的望远镜就可以看到。

最美双星

如果双星世界有选美比赛，那冠军应该颁给天鹅座 β。它位于天鹅座的头部，中文名叫辇道增七，由一颗橙色的 3 等星和一颗蓝色的 5 等星组成。从望远镜中看去，两颗星都很亮，颜色对比十分漂亮。

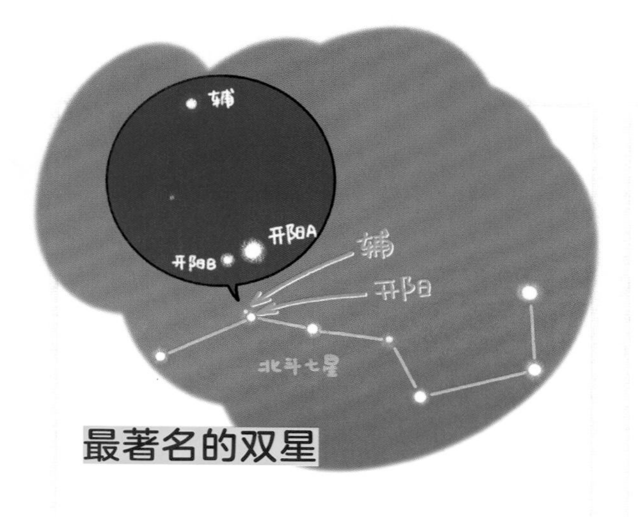

最著名的双星

北斗七星中的开阳星是最著名的双星，它旁边的伴星——辅用肉眼就可以看到，这也是唯一一对两颗星都有名字的双星。用望远镜看，还能在开阳星身边很近的地方看到另一颗小星星，那是它真正的伴星——开阳 B。我们肉眼看到的开阳星其实是开阳 A 和开阳 B 的“合体”。

双双星

在织女星的旁边有一颗著名的星星——天琴座 ε，用双筒望远镜或小望远镜就能看出它是由两颗同等亮度的星星组成的。当用更大的望远镜来观察它时，组成它的两颗星又各自变成了双星，就像两颗花生一样，很可爱。

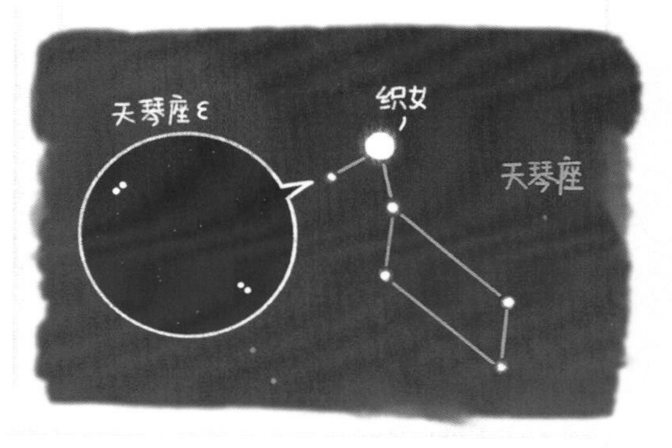

热闹的一家子

北河二是双子座的第二亮星，用小望远镜就能看到那里有三颗星，两颗较亮，一颗较暗。实际上这三颗星都是双星！那里一共有六颗星，只不过这些双星距离太近了，用普通望远镜是分辨不出来的。

会变的星星

女妖之眼

英仙座的形象是大英雄珀尔修斯，他手中拿着蛇发女妖的头，女妖的“眼睛”是一颗奇怪的亮星——大陵五。它的亮度会有规律地变化，每隔不到 3 天就从 2.1 等降低到 3.4 等，几个小时后又恢复原状，就像女妖的眼睛变幻莫测。实际上，那是两颗互相绕转的恒星，当暗的一颗挡住了亮的那颗，看上去它就变暗了。两颗星周而复始地互相遮挡，造成了亮度的周期性变化。

凡是这类由于恒星遮挡造成亮度变化的星星都叫作大陵型变星。

每年现身一次

鲸鱼座有一颗著名的星星——刍藁增二，通常我们根本看不到它，因为它大部分时间的亮度没有达到肉眼可见的极限星等。但每隔 11 个月左右，它的亮度就会飙升到 2 ~ 3 等。原来这是一颗红巨星，周期性地膨胀和收缩，造成了亮度的剧烈变化。像这种由于恒星本身脉动造成亮度变化的星星都叫作脉动变星。

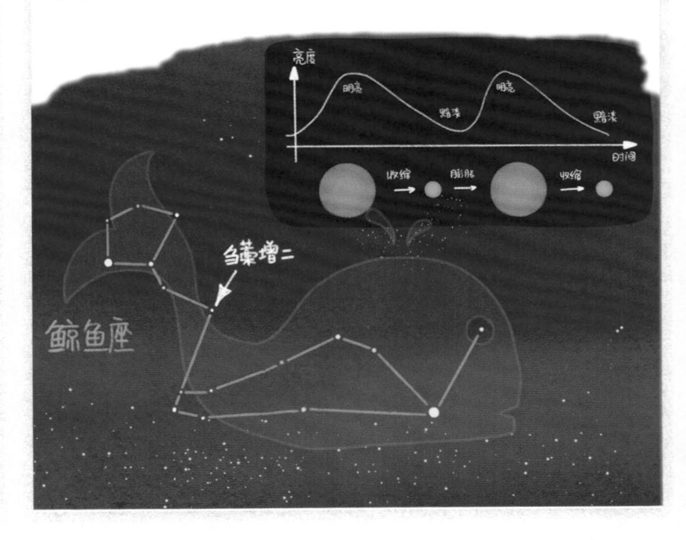

备受关注的参宿四

参宿四是猎户座的一颗红超巨星，它已经演化到了生命的末期，是最有可能发生超新星爆发的星星之一。2019年下半年，参宿四的亮度降低到了 1.5 等，从全天排名前十的亮星跌出了前二十，是 25 年来最暗的时候。这是不是意味着这颗年老的恒星快要爆发了呢？当然，后来它的亮度又恢复了正常。

每次观星的时候看一看参宿四吧，或许哪一天就爆发了呢。

超新星爆炸的威力

当大质量的恒星死亡时，会发生剧烈的爆炸，那时它的亮度会超过整个星系的亮度。如果银河系中发生了超新星爆发，在地球上看就会十分明亮，甚至在白天都能看到。

我们可以通过下面这个实验模拟恒星外层和恒星核碰撞时释放的巨大威力。

1. 将一个网球和一个篮球分别举到相同的高度，然后松手，看看它们反弹起来的高度。

2. 一只手将篮球举到与之前相同的高度，另一只手将网球置于篮球上面，同时松手，观察二者的反弹运动。

你会发现，这次网球高高地射入空中，反弹高度远远超出单独落下时。这是因为当篮球从地面反弹起来后，其上的网球从篮球的弹力中获得了额外的能量。这类似于恒星表面的物质被恒星核炸裂的情形。

星星在运动

所有的星星都在动

如果你在星空下观察一会，就能发现所有的星星都在步调一致地运动，而它们的相对位置，或者组成的形状却并不会改变。这种运动实际上是由于地球自转引起的错觉。我们都在地球上，感觉不到地球的转动，却好像是星星在转动。

北极星是全天的中心

想象一下，如果地球的自转轴无限延伸，就会和天球交于两点，从我们的视角看来，所有的星星都绕着这两个点在转动。在北半球，我们能看到那个交点处正好有一颗星，那就是北极星。如果用相机持续拍摄星星在几个小时内的运动，我们就能看到星星围绕北极星转动的效果了。

自行最快的恒星：

恒星在天球上的移动，叫作自行。自行最快的恒星是巴纳德星，位于蛇夫座，亮度只有9.5等，每年都能看出它的移动。

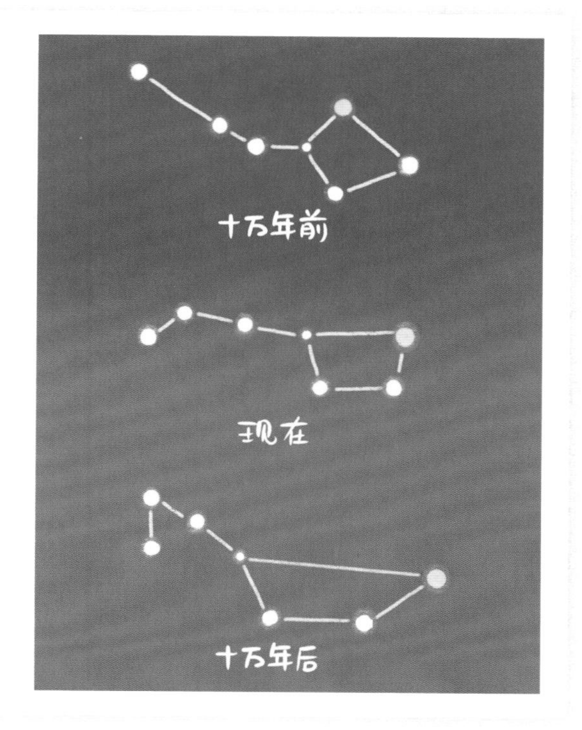

星座的变迁

所有的恒星都在宇宙中沿着各自的轨道运动，但它们太过遥远，短时间内人类无法察觉。我们熟悉的星座图案，要经过上万年，才会变化模样。因此，几万年前的原始人类看到的星空和今天非常不同。

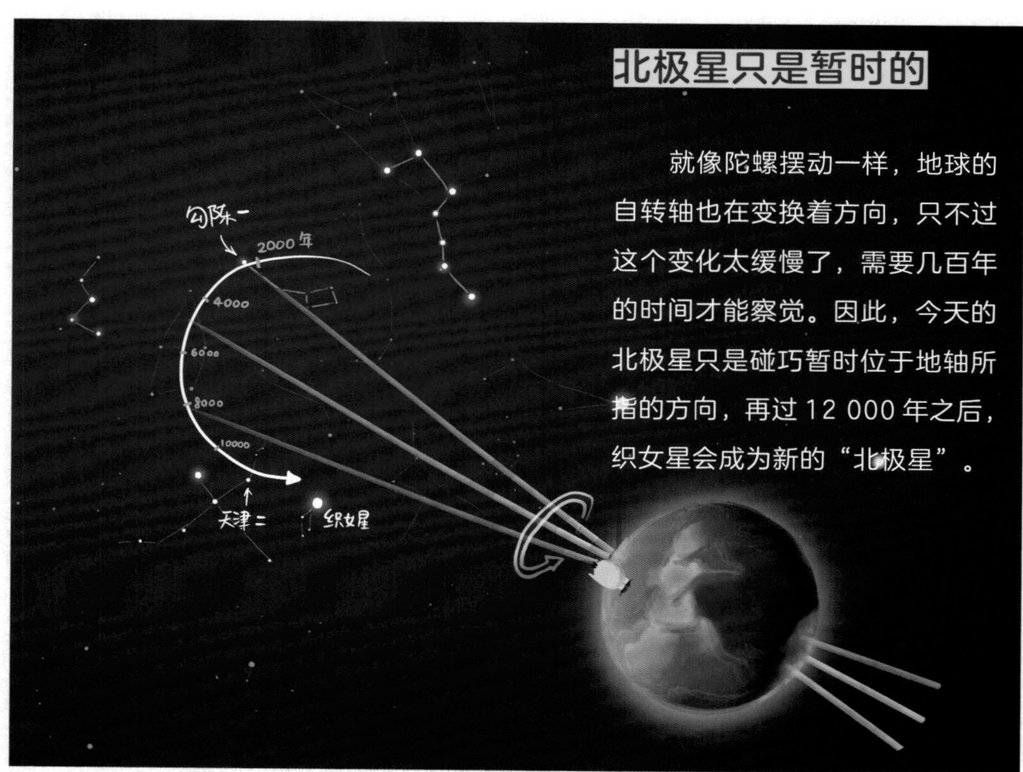

北极星只是暂时的

就像陀螺摆动一样，地球的自转轴也在变换着方向，只不过这个变化太缓慢了，需要几百年的时间才能察觉。因此，今天的北极星只是碰巧暂时位于地轴所指的方向，再过 12 000 年之后，织女星会成为新的“北极星”。

6

四季星空

北斗七星妙处多

从北斗七星开始

北斗七星大概是北半球的人们最熟悉的星空图案了。七颗亮星组成了一个大大的勺子形状。在现代星座中，北斗七星是大熊座的一部分；在中国古代，它象征帝王的车驾。这七颗星各有一个很酷的名字，从勺口开始，分别叫作天枢、天璇、天玑、天权、玉衡、开阳、摇光。你能记住它们吗？

画一个标准的北斗

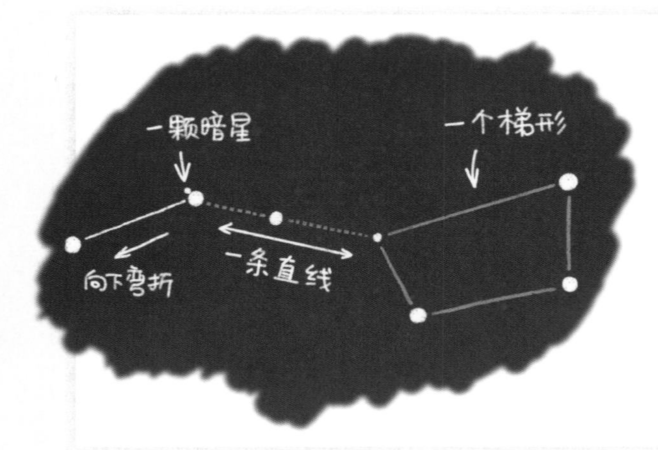

北斗七星的头部由四颗星组成一个梯形，尾巴由三颗星组成一条折线。但是要把北斗七星画标准，要注意图中的几个要点。

用这颗星测视力

注意看北斗七星中的第六颗——开阳。请你在晚上注视一下这颗星，能否看到它的旁边还有一颗小星星？这是最著名的一对双星，稍暗一些的那颗星名字叫辅。据说，古代阿拉伯人用能否看见辅来检测士兵的视力。今晚就试试看你的视力如何吧！

寻找北极星

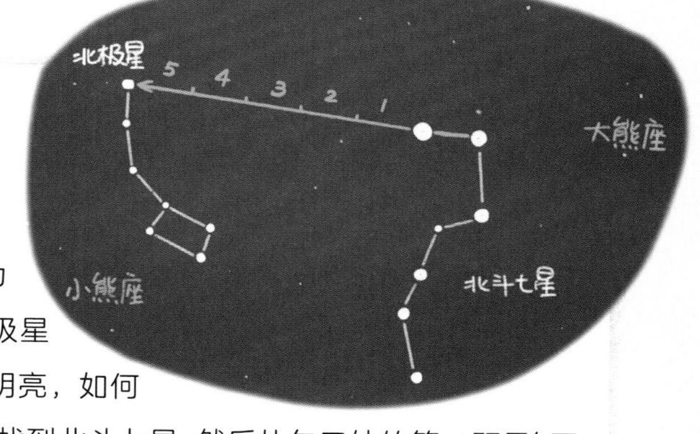

北极星是一颗特殊的星星，只有它是一直位于正北方的，因此可以为人指明方向，而其他的星星都绕着北极星转动。北极星是一颗 2 等星，并不算明亮，如何找到它呢？这就要用到北斗七星了。先找到北斗七星，然后从勺口处的第二颗星(天璇）向第一颗星（天枢）连一条线，将这条线继续向前延伸五倍远的距离，就是北极星。无论北斗七星如何转动，这两颗星的连线始终指向北极星。

北斗七星的运动

由于每天地球都会自转一圈，所以我们在地球上看北斗七星，也会一天绕着北极星转一圈。但我们观星的时间通常是在天黑之后到睡觉前，如果在这段时间观测的话，春天的北斗七星高高悬在头顶，斗柄指向东方；夏天的北斗在西北方，斗柄指南；秋天的北斗在北方的地平线上，斗柄指西；冬天的北斗在东北方，斗柄指北。

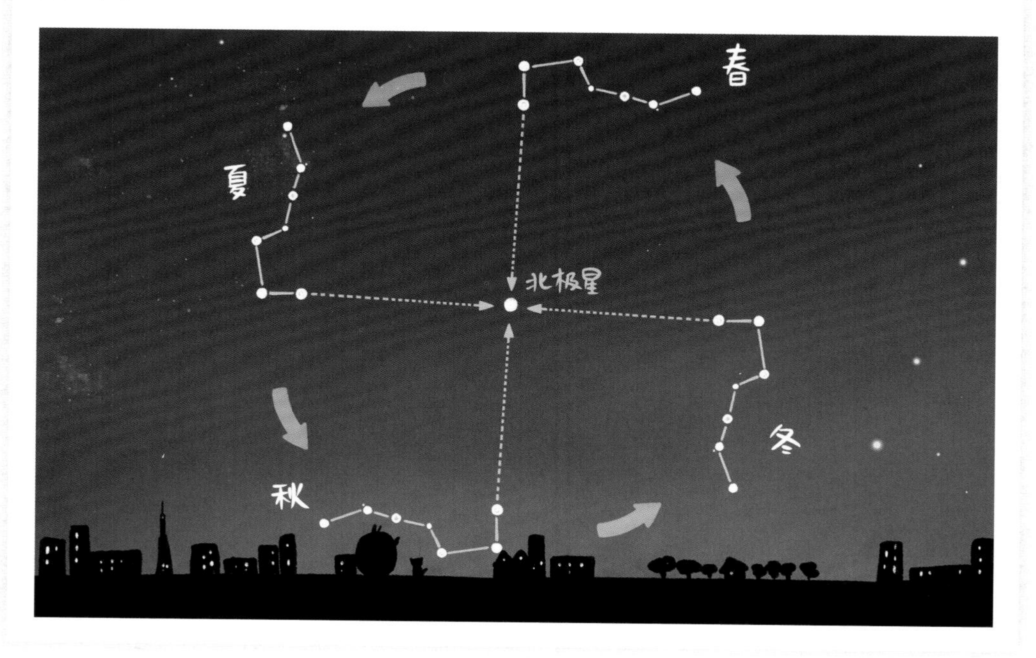

星座那些事

有多少个星座

全天一共有 88 个星座。星座之间没有缝隙，像拼图一样完整。星座的数量、名称和边界是 1930 年才确定下来的。

星座纪录

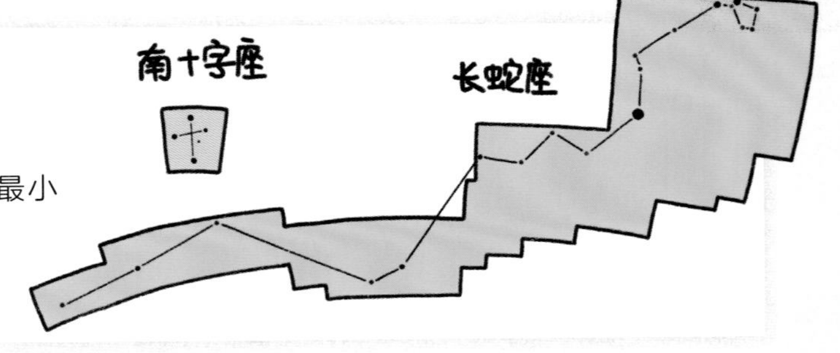

最大的星座是长蛇座，最小的星座是南十字座。

被分割成两块的星座

蛇夫座
巨蛇座（头）
巨蛇座（尾）

全天被 88 个星座分割成了 89 块，这是因为有一个星座是由分离的两部分组成，这就是巨蛇座。它的形象是蛇夫座手里握着的一条巨蟒，被蛇夫座分开，蛇夫座的西边是巨蛇座的头部，东边是巨蛇座的尾巴。

黄道十三星座

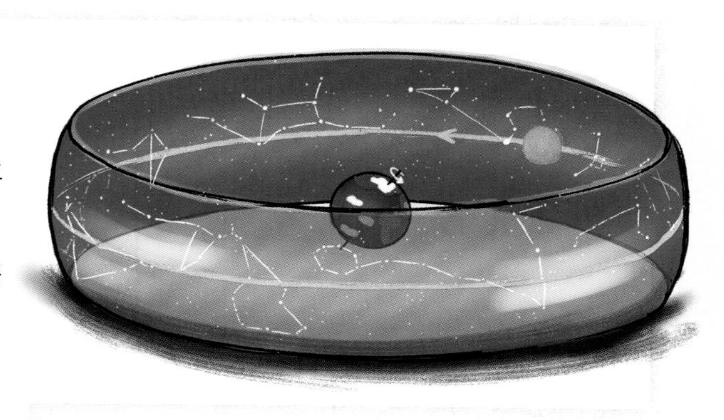

地球绕着太阳转，从地球上看，太阳就在恒星背景中穿行，一年走一圈。太阳走过的这条路径叫黄道，它会穿过 13 个星座，分别是白羊座、金牛座、双子座、巨蟹座、狮子座、室女座、天秤座、天蝎座、蛇夫座、人马座、摩羯座、宝瓶座、双鱼座。其中十二个星座就是我们熟知的黄道十二宫，而实际上太阳还会多经过一个蛇夫座。而且，太阳在每个星座中停留的时间也不尽相同：最长的是室女座，长达 45 天；最短的是天蝎座，只有 6 天。

星星的名字

在现代天文学中，天上的主要恒星都用“星座名 + 希腊字母”来称呼，比如狮子座 α、天鹅座 β，这是国际上通用的命名法，叫作拜耳命名法。另外，夜空中最亮的那些星星，自古以来就为人所熟悉，因此无论是在中国还是西方，都被赋予了各自独一无二的名字，这些名字往往流传已久，背后有自己的故事和历史，比如牛郎星、织女星、天狼星。还有很多暗星，没有名字，但在不同的星表中会有自己的编号，然而很少有人会记住它们。

Sirius
大犬座α
天狼

HD 3846

开始认识星空

星座的连线

没有人规定星座的连线一定要如何连，你在不同的星图上会看到不同的连法，都不能算错，只要能够帮助记忆就可以。你可以发挥想象力，绘制属于你自己的星座连线。

星座的运动

初看星空时，你可能觉得它们是静止的，可是只要等一段时间，就能发现星星是在运动的。但这种运动只是地球自转的反映。就像太阳的东升西落一样，随着地球的转动，星星也会从东方升起，跨过天空，最后从西方落下去。

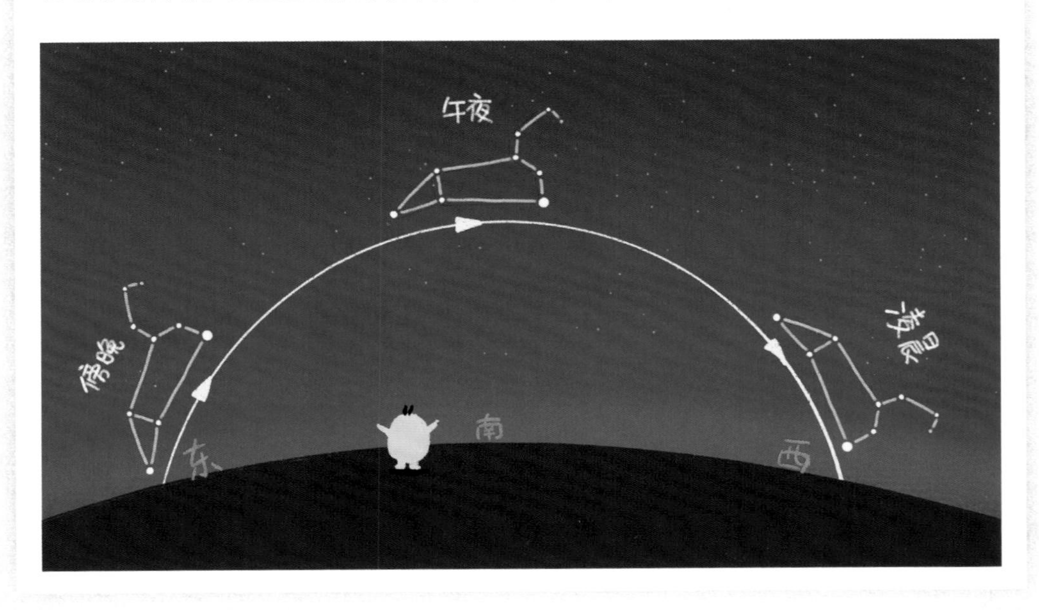

永不落下的星座

北极星始终位于北方天空中不动，而其他的星星都在绕着它旋转。靠近北极星的星星，永远也不会完全落到地平线下，这样的星星就叫拱极星。

如果你生活在中国北方，那么北斗七星就是拱极星。即使在秋天，它也位于北方的地平线以上。

相反，在中国看南方的天空，有一些星星永远都不会升起来，要想看到它们，你就要往南方走。

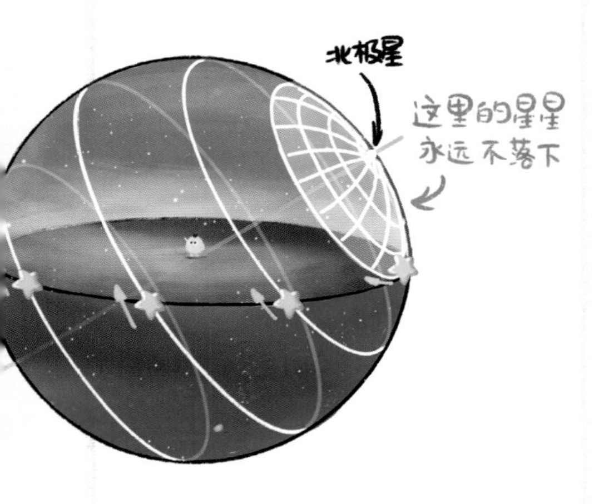

四季星空大不同

地球在绕着太阳公转的过程中，背向太阳的一半是黑夜；又由于每天地球都在公转轨道上前进，因此每天的黑夜都面向宇宙中不同的方向，看到的星空也并不相同。这种变化很缓慢，如果以天为单位，也许每晚的星空差异微不足道，人们不容易察觉。但当时间跨度放大到不同的季节，我们就会发现，一年四季看到的星空是大不相同的。

每个季节都有自己专属的标志性星座图案。春季夜空最有名的是狮子座、牧夫座、室女座；夏季夜空最有名的则是夏季大三角和天蝎座；秋季的亮星不多，以飞马座的大四边形为标志；冬季则亮星璀璨，最著名的是猎户座、双子座、金牛座等。

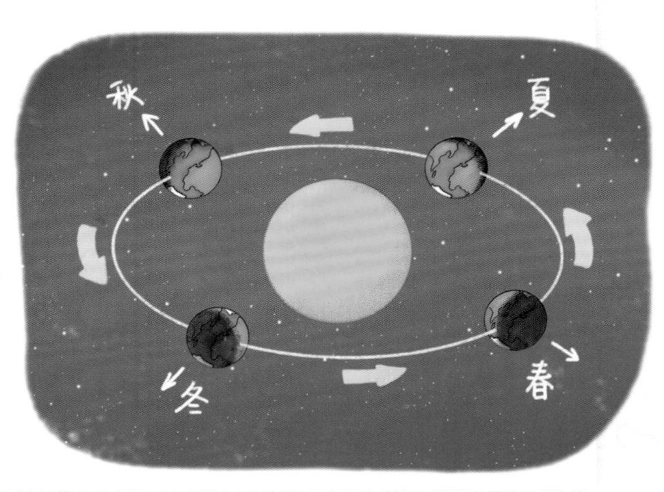

春季星空

狮子座

在春季星空中，狮子座是最醒目的。它主要由两部分组成：一个反写的问号和一个直角三角形，合起来就像一只趴在地上的狮子。反问号最下端的星很亮，名叫轩辕十四，就像问号的那一"点"。在希腊神话中，狮子座代表被大英雄赫拉克勒斯杀死的一只雄狮。

最大的星座

在全天的 88 个星座中，最大的星座——长蛇座就出现在春天的夜空中。实际上它非常长，东西跨度超过了天球的四分之一，每天只有大约 2 个小时的时间能够看到长蛇座的全貌。长蛇座中没有什么亮星，最亮的是位于"心脏"处的星宿一。星宿一周围没有别的亮星，所以它在西方被叫作"Alphard"，意思就是"孤零零的星"。

春天的夫妇星

大角星和角宿一是春季星空中最亮的两颗星。大角星是橙红色的，角宿一是蓝色的。这让人联想到一对情侣，在日本它们被称为“夫妇星”。有趣的是，大角星正在朝着角宿一的方向飞奔，大约 7 万年后，它将跑到角宿一身边，二者组成一对双星。到那时，这对夫妇才真正“在一起”了，它们将成为天空中最明亮的视双星。

春季大三角和大曲线

在春季星空中，有三颗亮星组成了一个等边三角形，它们是大角星、角宿一和五帝座一，这就是春季大三角。大角星是天球的北半球最亮的一颗星，在全天排名第四，位于牧夫座中。角宿一是室女座最亮的星。五帝座一是狮子座的第二亮星，位于狮子的尾巴尖上。

春季大曲线从北斗七星的斗柄开始，沿着斗柄的曲线继续向南方延伸，会经过大角星和角宿一。春季大曲线和大三角可以帮助我们记住春季的亮星。

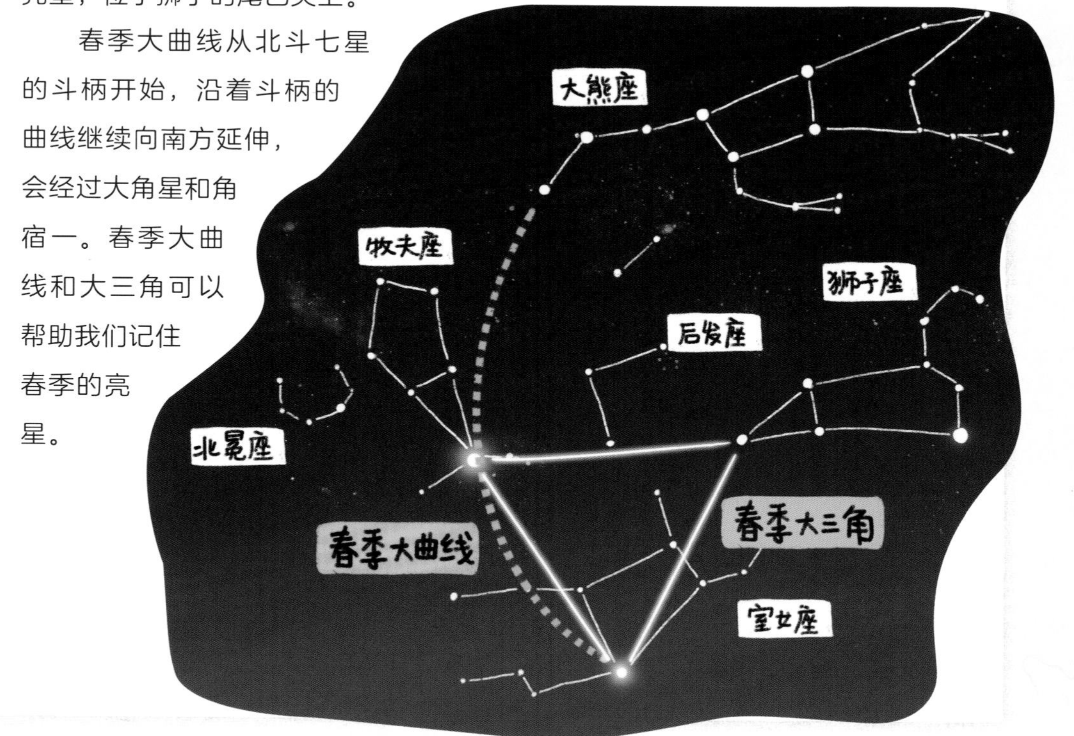

夏季星空

欣赏银河正当时

夏季天黑得比较晚，要想看到星空，恐怕要多等上一会。但等待是值得的。夏季是欣赏银河最好的时候，因为此时银河系的中心升上来了，这是银河中最亮的一段，位于人马座附近。

人马座的形象是一个半人半马怪兽，但恒星都不是很亮，一些 2 ~ 3 等星组成了一个茶壶的形状，倒是非常形象。

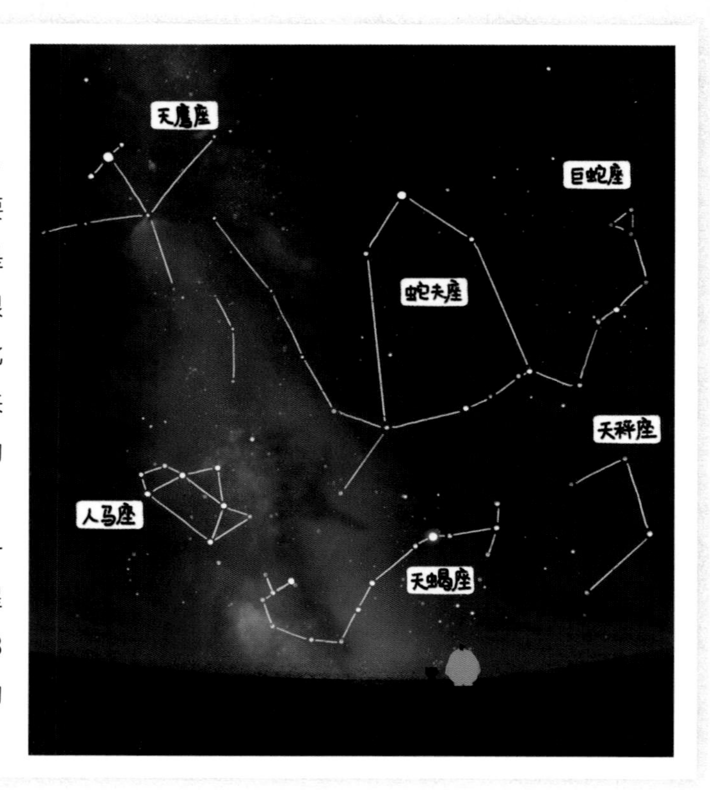

夏季大三角

顺着银河向上看去，3 颗最明亮的恒星组成了一个巨大的三角形。其中最亮的一颗位于银河的西岸，这就是大名鼎鼎的织女星，属于天琴座。与织女星隔着银河相对的是明亮的牛郎星，属于天鹰座。大三角的第三颗星位于银河之中，是天鹅座最亮的星，叫作天津四。天鹅座是最形象的星座之一，像一只展翅翱翔的大天鹅，组成身体和翅膀的星排成一个大十字。

天蝎座

天蝎座是夏季最漂亮的黄道星座，一串星星组成一个 S 形，酷似一只蝎子弯曲的身体，尾巴尖还有象征毒针的分叉。蝎子心脏的位置是一颗明亮的红色恒星——心宿二，它是一颗红超巨星，是已知的最大的恒星之一。

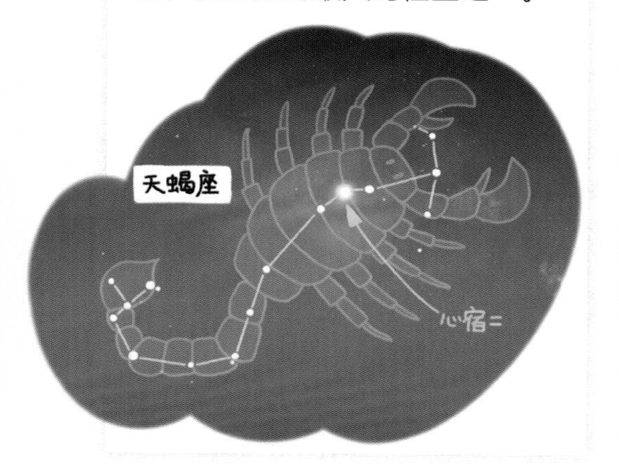

蛇夫座和巨蛇座

蛇夫座的形象是希腊神话中的医神阿斯克勒庇俄斯，他的手中抓着一条巨大的蟒蛇，这就是巨蛇座。蛇夫座和巨蛇座位于天蝎座的北边，占的范围很大，但轮廓不是很明显。太阳每年 11 月底到 12 月中旬在蛇夫座运行，所以蛇夫座也是一个黄道星座。

武仙座

武仙座的形象就是希腊神话中著名的大英雄赫拉克勒斯，在我们北半球看起来，他在天空中的形象是倒置的，所以不太容易想象。武仙座的身体由 4 颗星组成，在这个四边形西边那条边上有著名的球状星团 M13，用小望远镜可以看到一个模糊的光斑，实际上那里聚集了数十万颗星星。

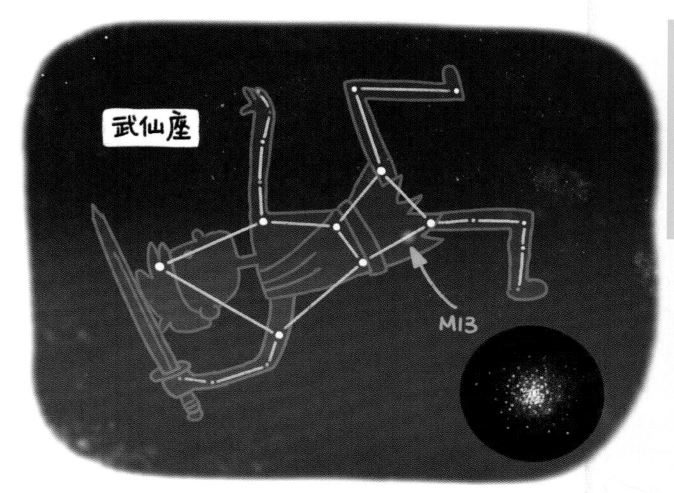

四季星空

秋季星空

飞马座四边形

秋季星空总显得空荡荡的，没有什么亮星，最明显的特征是飞马座的大四边形，这四颗星都是 2 等星或 3 等星，组成了一个比较规则的正方形。飞马座的形象是一匹长着双翅的骏马，这个四边形是飞马的身体。实际上，四边形左上方那颗星属于仙女座。

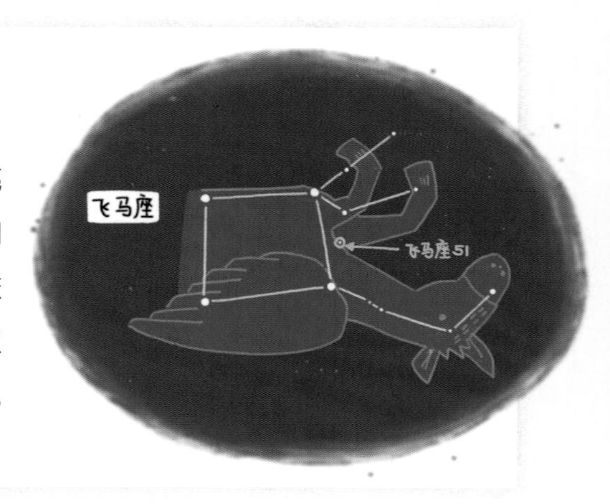

获得诺贝尔奖的星星

在飞马座中有一颗不起眼的恒星——飞马座 51，它的亮度只有 5 等，肉眼勉强能看到。1995 年，天文学家在它旁边发现了一颗行星——飞马座 51b，这是第一次在类似太阳的恒星周围发现行星。这个发现获得了 2019 年的诺贝尔物理学奖。

仙女座星系

在飞马座的东北边是一个不太明显的星座——仙女座，其中有一个赫赫有名的天体——仙女座星系，它是一个比银河系还大的旋涡星系，距离我们 250 万光年。在黑暗的夜空中可以直接看到它，是肉眼可见的最远的天体。

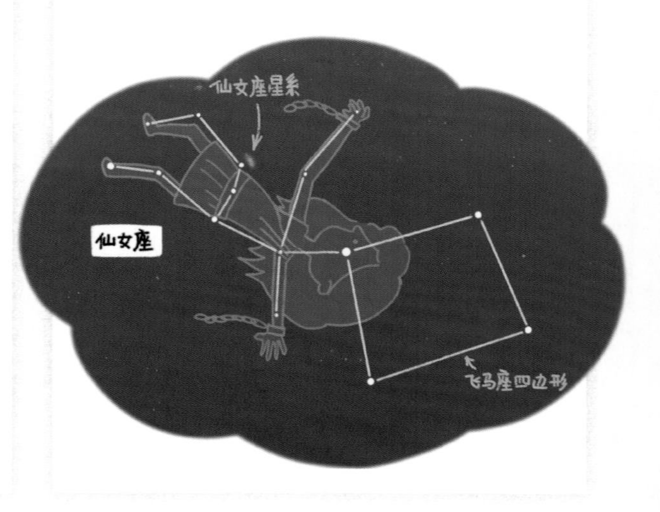

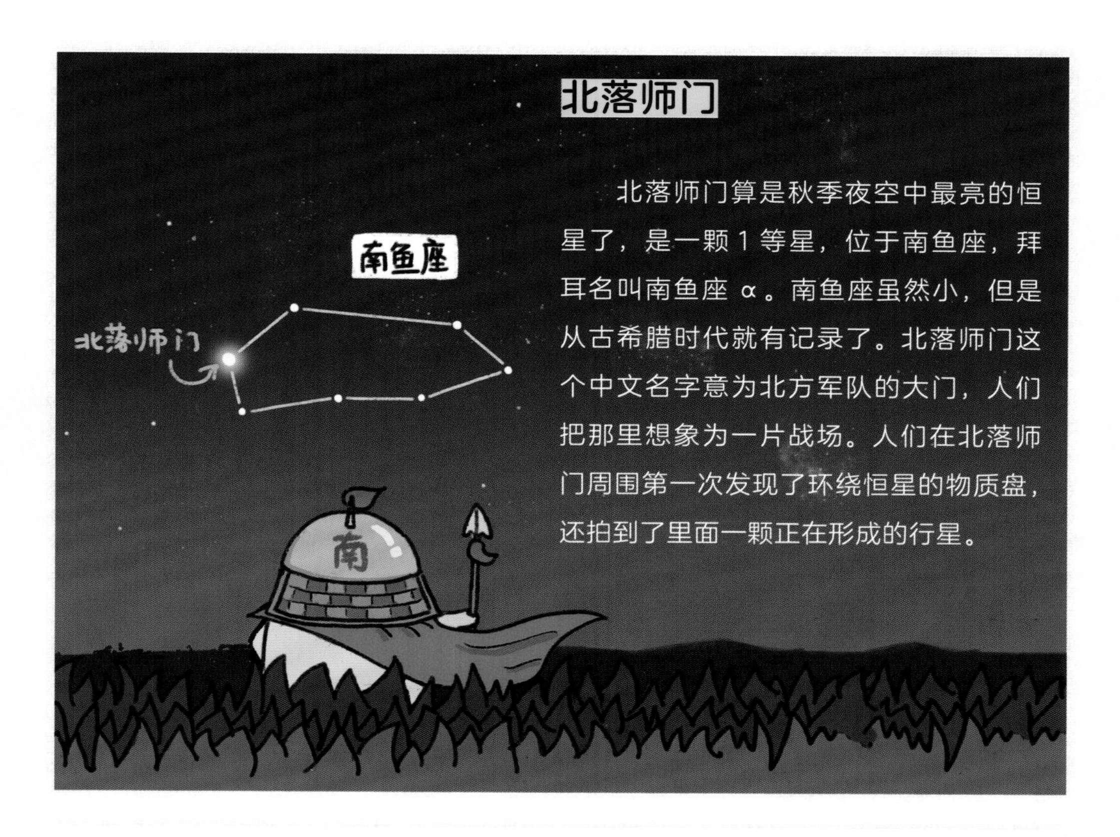

北落师门

北落师门算是秋季夜空中最亮的恒星了，是一颗 1 等星，位于南鱼座，拜耳名叫南鱼座 α。南鱼座虽然小，但是从古希腊时代就有记录了。北落师门这个中文名字意为北方军队的大门，人们把那里想象为一片战场。人们在北落师门周围第一次发现了环绕恒星的物质盘，还拍到了里面一颗正在形成的行星。

王族星座

在秋季星空里，有 6 个星座和同一个古希腊神话故事有关。古老的衣索比亚王国有一位国王（仙王座）、一位王后（仙后座）和一位公主（仙女座）。公主安德罗墨达被绑在石崖上，马上要被海怪（鲸鱼座）吃掉。此时，刚刚杀死了蛇发女妖美杜莎的大英雄珀尔修斯（英仙座）骑着飞马（飞马座）从上空经过，救下了公主。

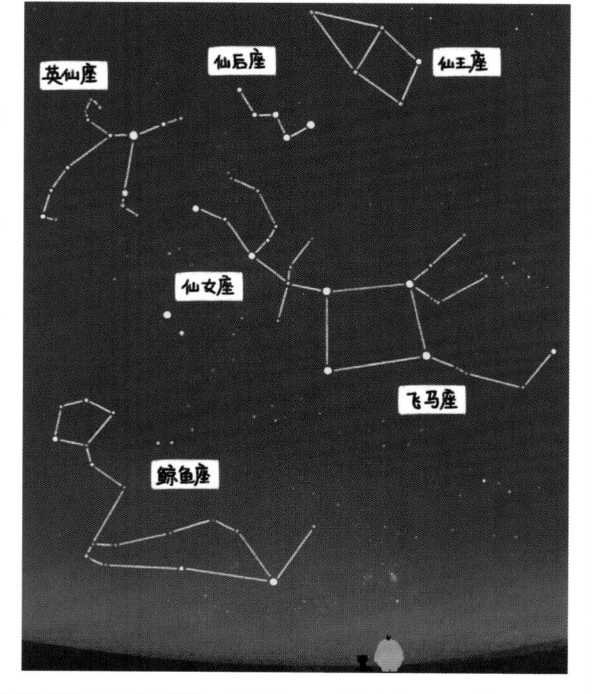

冬季星空

冬季大钻石

冬天天黑得很早，吃过晚饭，穿暖和一点，就可以出门观星了。冬季的星空十分璀璨，亮星云集。7 颗最明亮的星组成了一个六边形，其中 6 颗位于 6 个顶点，1 颗在中间，就像一个大钻石。这 7 颗星来自六个星座，它们是大犬座的天狼星、小犬座的南河三、双子座的北河三、御夫座的五车二、金牛座的毕宿五，以及猎户座的参宿七和参宿四。

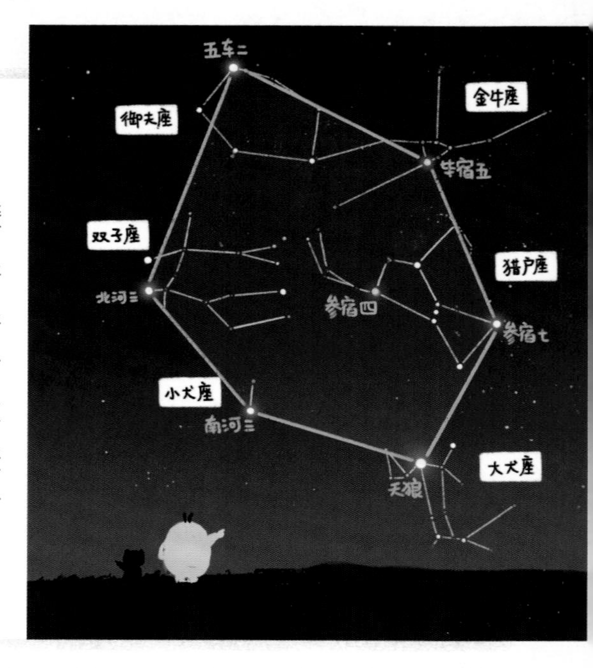

猎户座

猎户座大概是除了北斗七星，人们最熟悉的星座了。在希腊神话中，他是猎人奥利翁，即海神波塞冬的儿子，却死在了天蝎座的毒针之下。猎户的腰带上是笔直排列的三颗星，三星的周围有 4 颗亮星，分别是猎户的双肩和双腿。这是一个非常形象的星座。

猎户座大星云

在猎户座腰带的下面，有三颗暗星组成了猎户的佩剑。中间那颗星其实是一个星云，用肉眼就可以看出模糊的样子。这个星云在望远镜中非常漂亮，是肉眼可见的最亮的星云之一。

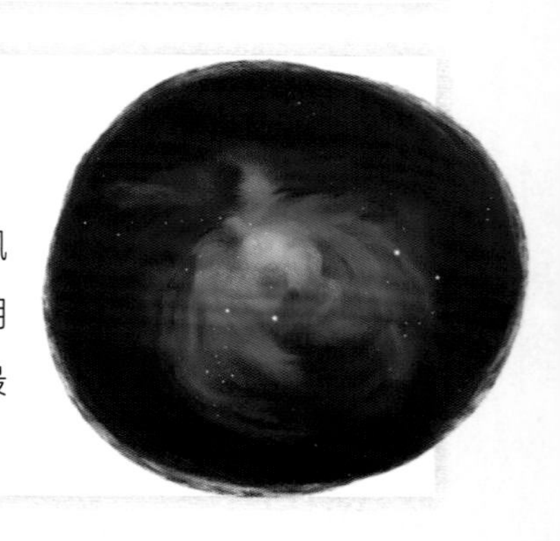

金牛座

在猎户座对面，有一头红眼公牛，正准备向猎户发起攻击，这就是金牛座。金牛座是一个黄道星座，它的脸由几颗星组成一个 V 形，其中最亮的一颗是金牛的眼睛，叫毕宿五。毕宿五是一颗红色的星星，让金牛看起来很愤怒。金牛座中还有一个著名的星团——昴星团，是我们能看到的最亮、最美的星团，肉眼就能看到其中的 6 颗星，用小望远镜能看到几百颗星。

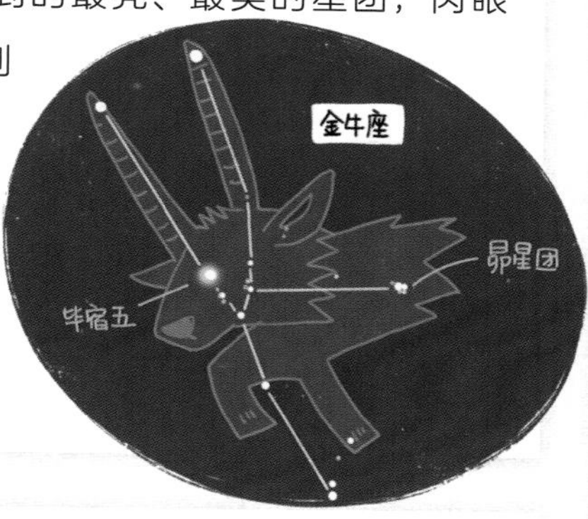

双子座

双子座的形象是一对孪生兄弟。其中最亮的两颗星是北河二和北河三，代表兄弟的头，还有四颗星代表兄弟的四只脚。

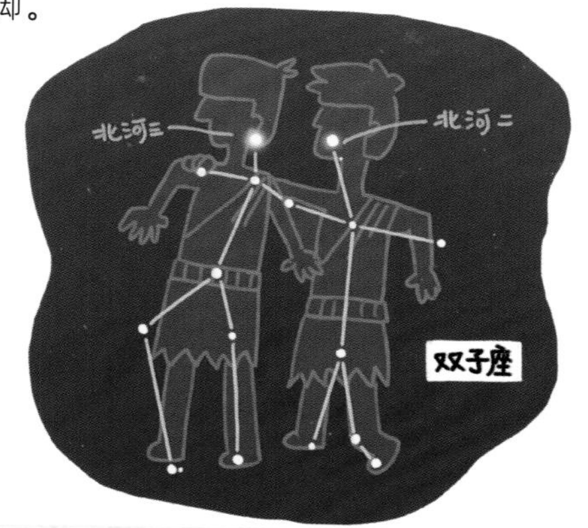

御夫座

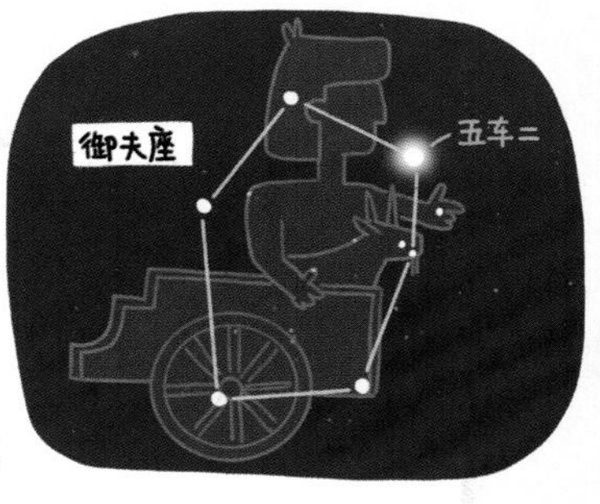

御夫座的主体形状是一个五边形，像个大风筝。其中最亮的一颗叫五车二，是全天第六亮星。在希腊神话中，御夫座是一个赶车的农夫，怀里抱着个小羊羔。巧合的是，在中国古代，这一组星叫作五车，代表五辆战车。

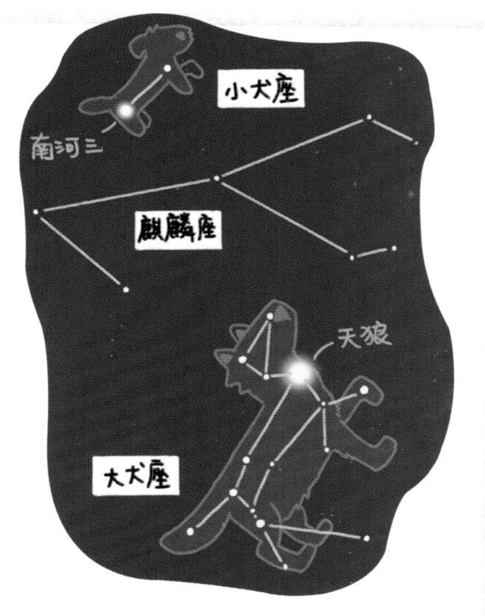

大犬和小犬

大犬座和小犬座的形象是两只狗，跟在猎户的身后。在大犬座中，有全天最亮的恒星——天狼星。

春季星空

在以下时间可以看到图中的星空

3 月 1 日　　凌晨 1 点

3 月 15 日　　午夜

4 月 1 日　　晚上 11 点

4 月 15 日　　晚上 10 点

5 月 1 日　　晚上 9 点

5 月 15 日　　晚上 8 点

北
仙后座
仙王座
英仙座
天琴座
天龙座
小熊座
鹿豹座
御夫座
武仙座
天猫座
双子座
北冕座
大熊座
猎户座
东
蛇夫座
巨蛇座(头)
牧夫座
猎犬座
小狮座
西
后发座
巨蟹座
小犬座
春季大曲线
狮子座
室女座
麒麟座
春季大三角
六分仪座
巨爵座
大犬座
天秤座
乌鸦座
长蛇座
船尾座
唧筒座
半人马座
南

夏季星空

在以下时间可以看到图中的星空

6月1日　　凌晨1点

6月15日　　午夜

7月1日　　晚上11点

7月15日　　晚上10点

8月1日　　晚上9点

8月15日　　晚上8点

秋季星空

在以下时间可以看到图中的星空

9 月 1 日　　凌晨 1 点

9 月 15 日　　午夜

10 月 1 日　　晚上 11 点

10 月 15 日　　晚上 10 点

11 月 1 日　　晚上 9 点

11 月 15 日　　晚上 8 点

冬季星空

在以下时间可以看到图中的星空

12 月 1 日　　凌晨 1 点

12 月 15 日　　午夜

1 月 1 日　　晚上 11 点

1 月 15 日　　晚上 10 点

2 月 1 日　　晚上 9 点

2 月 15 日　　晚上 8 点

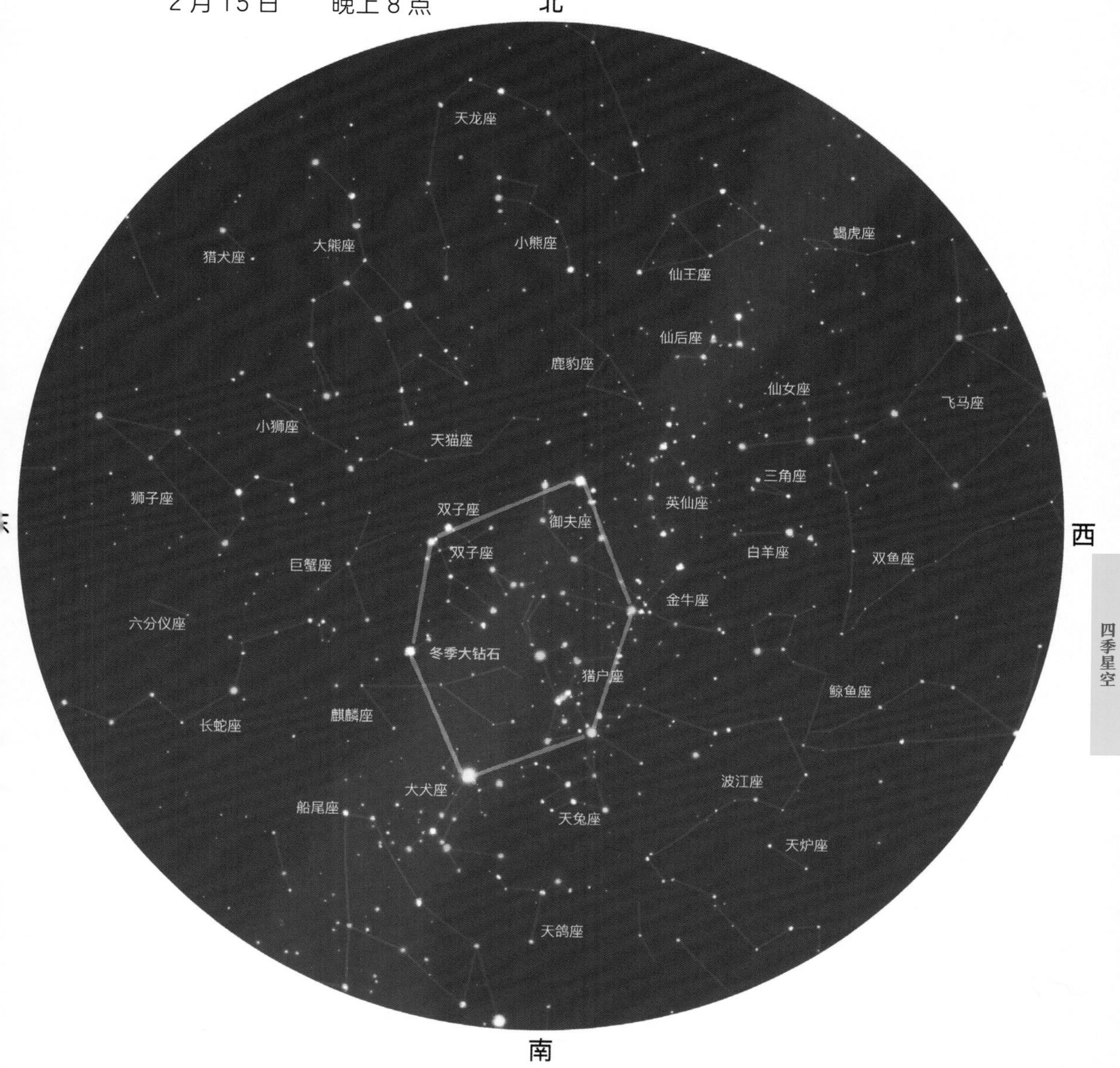

去南方观星

越往南看得越多

对于常年生活在地球北半球的我们来说，南天球的星空不是很容易看到，只有越往南走才看得越多。比如，在北京（约北纬40°）的观星者，是看不到南纬50°以南的星空的；到了广州（约北纬23°），就可以一直看到天球的南纬67°；走到赤道上去，则可以在一年的时间里，看遍整个南北天球的星星。

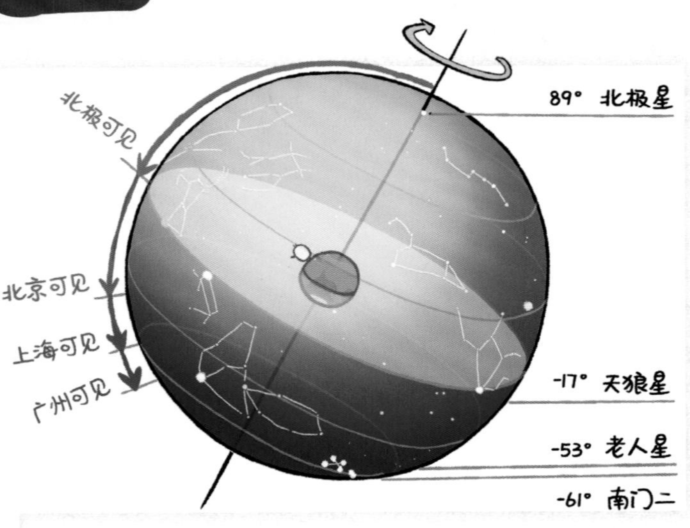

南天星空更壮丽

天球上最亮的三颗恒星——天狼星、老人星、南门二，都位于南天球，而北天球最亮星——大角星，只能在全天屈居老四。如果我们数同等亮度的恒星数量，也会发现，南天球的亮星比北天球多。

银河系最璀璨的银心部分，以及那附近丰富的深空天体，也位于南天的人马座里；更不用说，还有著名的大小麦哲伦云，那是我们肉眼可见的银河系伴星系，也只有在南方才能看到。

所以，有机会一定要去南方看看，感受一下不一样的星空哦！

北天		南天
1	<0等星	3
21	0~2等星	29
232	2~4等星	288
2384	4~6等星	2633

没有南极星

我们在北半球，夜里抬头可见 2 等的北极星——勾陈一，它悬挂在正北的天空中为我们指引方向。但是到了南半球，南天极的位置上就没有这样一颗亮星了。南天极附近比较接近“南极星”的是南极座 σ，它是肉眼可见离南天极最近的一颗星，但是亮度很暗，不怎么能担当起南极星的重任。

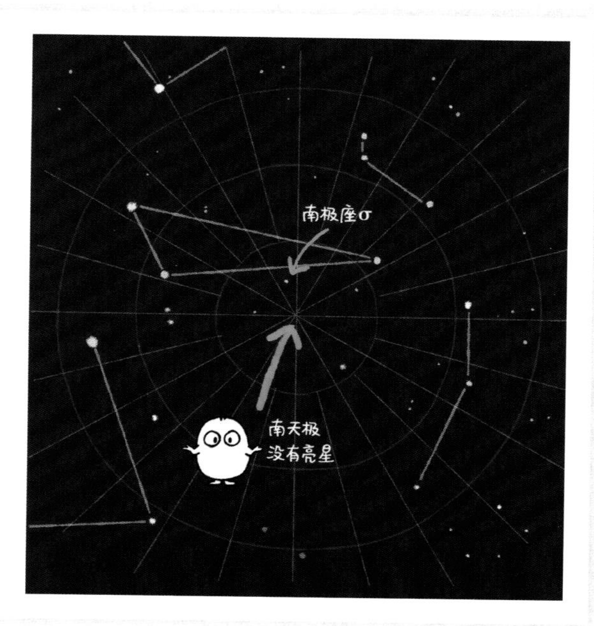

南天的工具箱

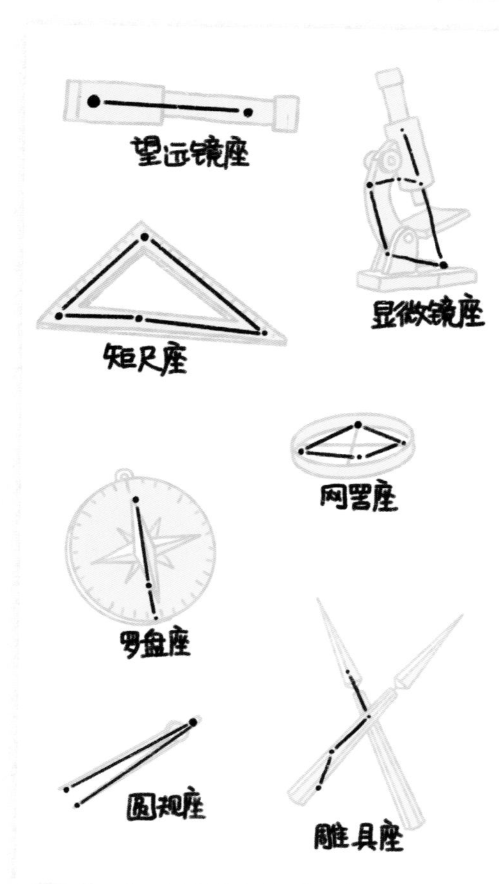

南天的很多星座我们都不太熟悉，和北半球相比，南半球的星座通常很小，名字也比较古怪。这是因为大航海兴起后，南天星空才被注意到，所以人们就更多借用那时与航海相关的工具来给星座命名，比如望远镜座、显微镜座、罗盘座、圆规座、时钟座、矩尺（直角尺）座、雕具（雕刻师的凿子）座、网罟（望远镜的十字丝网）座、唧筒（打气泵）座，等等。

前面我们说到南天极附近的星座叫南极座，但是在英语里，南极座叫 Octant，这也是一件测量工具——八分仪。你看，南天大概就是一整个工具箱吧！

南方的著名星座与亮星

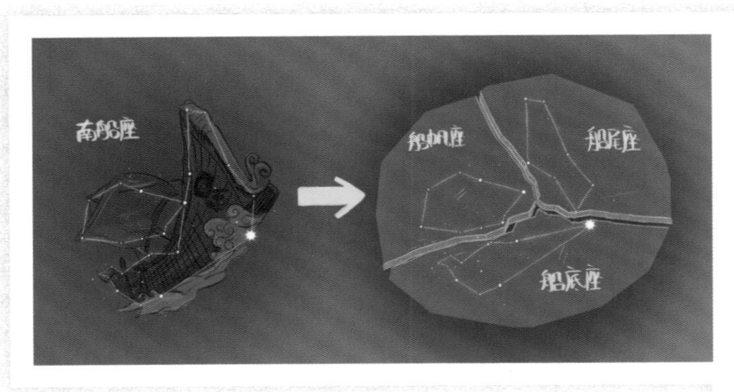

南方的大船

南天的星座里，最有名的就是南船三星座了。它是希腊神话中一艘远航的巨轮——阿尔戈巨船的化身，曾经叫南船座。18 世纪 50 年代，人们嫌这个星座占的面积太大了，就把南船座划分成了三个相邻的星座：船帆座、船尾座和船底座。

三体人的故乡

半人马座 α，又叫南门二，是夜空中第三亮的恒星。但它其实并不是一颗星，而是一个三合星家族：其中的老大和老二挨得太近了，肉眼分辨不出来；剩下的老三，距离它俩比较远，但非常暗。不过，这颗不起眼的老三却是目前发现的距离我们太阳系最近的恒星，只有 4.2 光年远！所以，我们借用唐代诗句“海内存知己，天涯若比邻”，给它起了个好听的名字叫比邻星。

科幻小说《三体》的故事，就是基于这个三星系统展开的。不过，真实的比邻星稳定地绕着南门二双星运行，不会出现小说中的“乱纪元”。

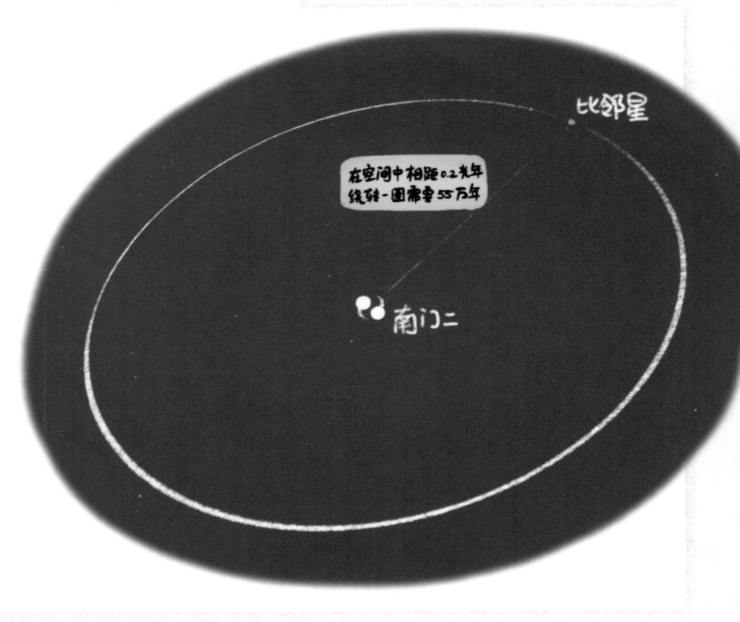

孤独的老人星

船底座 α 星又叫老人星，是全天第二亮的恒星。与另外几颗亮恒星通常成群结队出现不同的是，它周围的亮星比较少，所以显得非常“孤独”。在中国南方，冬季入夜后就能看到老人星和天狼星，全天最亮的这两颗恒星，一同闪耀在夜空中。

钻石南十字

南天有个很精致的小星座，叫南十字座。它是全天 88 个星座里最小的一个，但是拥有四颗非常明亮的恒星，所以在南天夜空中十分耀眼。

我们习惯把这四颗星连成一个十字，这也是一个有趣的事实——这是唯一一个在连线的交叉点没有恒星的星座。当然，星座的连线没有一定标准，你也可以把它想象成一个小菱形或者小钻石。

四季银河

太阳系在银河系中的位置

银河系像一个薄薄的盘子，直径大约 10 万光年，厚度却只有 1000 光年。太阳位于距离银河系中心 2.5 万光年的地方。从太阳系向不同方向看去，会看到不同形态的银河。

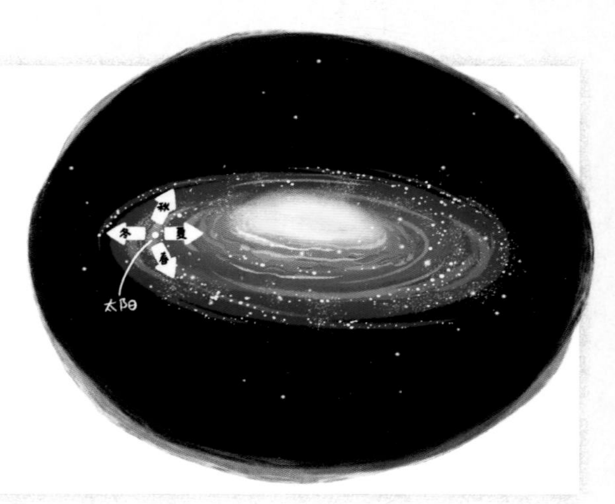

四季银河各不同

在北半球中纬度看银河，每个季节都是不同的。春天的夜晚几乎看不到银河，因为银河横卧在地平线上；夏天的银河最灿烂，因为正好望向银河系中心的方向；秋天和冬天的银河则相对暗淡一些。

南天的银河

南天的银河比北天更加壮丽，银心穿过人马座和天蝎座，继续向南延伸，穿过半人马座、南十字座、船底座，这里是亮星和星云扎堆的地方，因此十分壮观，只不过要到南半球才能欣赏。

在南十字座的旁边有一块明显的暗区，这是著名的暗星云——煤袋星云。

银河系的中心

夏季，夜晚的地球正好面对着银河系中心的方向。银河系的中心在人马座的方向上，在黑暗的夜空中，你会看到多得不可思议的星星，最亮的部分就像云块一样。这里还有很多星团和星云，用双筒望远镜扫视银河中心是非常快乐的事情。

银河的分叉

从银河的中心向北延伸，一直到天鹅座的尾巴，能够看到一个大分叉，分叉的中间是一条暗带，叫作银河大暗隙。那里面有很多不透光的尘埃云，阻挡了来自遥远恒星的光。

7

夜空深处

深空天体

星空中的宝藏

夜空中不只有星星，还隐藏着很多朦胧模糊的小斑点，那才是令天文爱好者们沉迷的宝藏。哪怕只用一个双筒望远镜扫视银河，你也会惊讶于其丰富的“藏品”。如果用相机对准它们长时间曝光，我们可能会发现这些朦胧模糊的天体竟是一团星，或者一片星云，甚至一个星系。

梅西耶天体

18 世纪，法国天文学家梅西耶在寻找彗星时，发现星空中总有些模糊状的天体看起来和彗星有些相似，却不会移动。于是，他将这些天体记录下来，编成了星表。他的星表中共有 110 个天体，也就是如今天文爱好者津津乐道的梅西耶天体。

星团有两种

银河系里有很多星团，少则几十颗、多则几十万颗恒星聚集在一起，非常壮观。星团分为两种，疏散星团和球状星团。看看它们的样子，你就知道为什么这么称呼它们了。

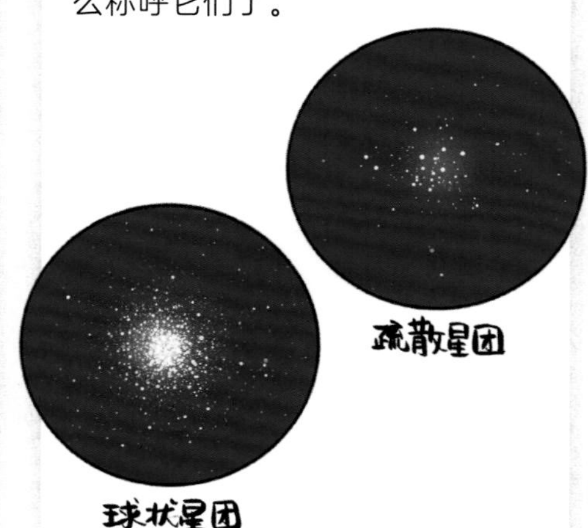

精彩的星云世界

星云是银河系中最美的风景，每一个的形状和颜色都不同。其本质也不同，有的是被附近的恒星照亮的星际尘埃，有的是超新星爆炸的遗迹。

遥远的星系

星系都在银河系之外，散布在整个宇宙当中，我们能看到其中一些比较近的，距离从几十万到几千万光年不等。星系的形状也各不相同，大部分是螺旋形或椭圆形的。

暗星云

当星系中的尘埃阻挡了远处恒星的光线时，看上去就像黑黑的斑块，这就是暗星云。用肉眼能看到的暗星云是南十字座旁边的煤袋星云，但只有到了南半球才能看到它。猎户座的马头星云和巨蛇座的鹰状星云也是暗星云勾勒出的形状。

去看深空吧

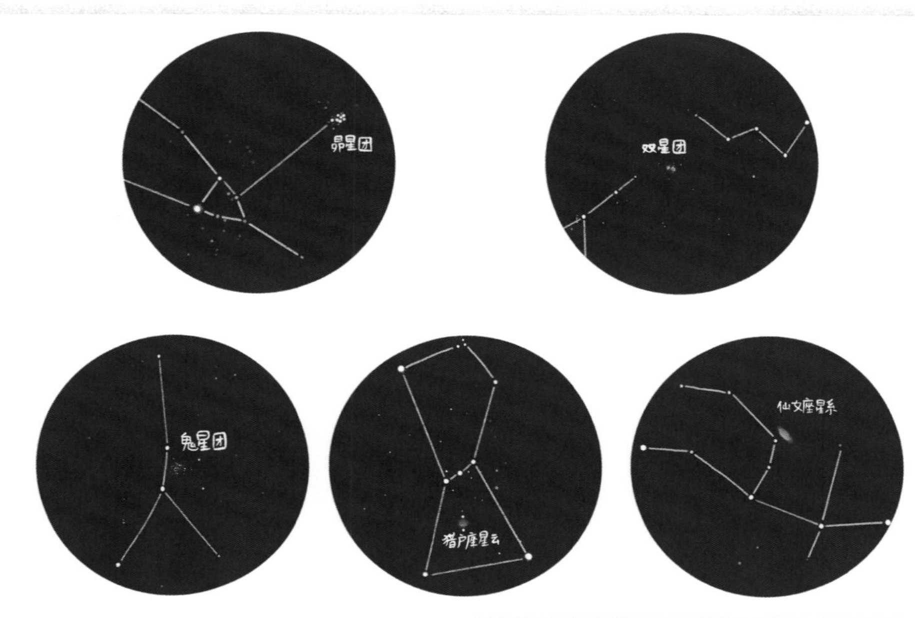

肉眼就能看到的深空天体

有些深空天体明亮到用肉眼就能看到，比如金牛座的昴星团、英仙座的双星团、巨蟹座的鬼星团、猎户座大星云、仙女座星系。这些都是最著名的天体，从它们开始看深空吧！

用望远镜寻找深空天体

越大的望远镜能看到的深空天体就越多越漂亮，但小望远镜也绝不是没有用武之地。用双筒望远镜扫视银河，就能偶遇一些模糊的光斑，那些都是深空天体。用最小型的天文望远镜看那些最亮的星团和星云，也不会令人失望。重要的是，你要知道往哪里看，这需要你坚持不懈地观察天空，熟悉深空天体的位置。当然，也要熟悉望远镜的使用。

给星云起名字

很多星云的样子都很奇特，最先发现它们的人给它们取了可爱的昵称，比如蝴蝶星云、猫头鹰星云、圣诞树星云……也有人不同意这些名字，自己取了更贴切的名字。看看右边这个星云的照片，请你来给它取个属于自己的名字吧。

梅西耶天体马拉松

这里的“马拉松”可不是跑步运动，而是在一夜之间找到所有梅西耶天体的挑战。这项任务只能在每年 3 月下旬进行，因为此时太阳附近没有梅西耶天体，不会因为某个天体出现在白天而错过。完成这段“马拉松”是一项让天文爱好者刮目相看的成就，它要求你对天空十分熟悉，同时还得有好的体力。你想挑战一下吗？

星桥法找目标

寻找一个暗弱的天体时，通常要从它附近的一颗亮星开始。按照星图的指示，从一颗星连接到另一颗星，逐渐靠近要找的天体，就像搭了一座座桥梁一样，这就是星桥法。

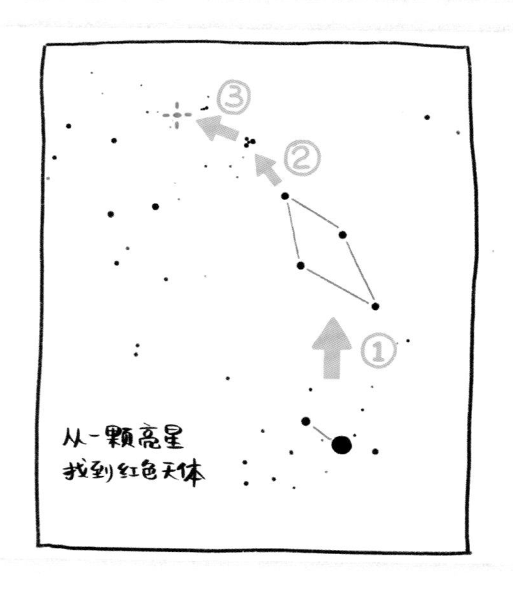

最远天体大比拼

哪颗恒星最远

我们能看到的大部分恒星和地球的距离都在几光年到几百光年。在最明亮的那些恒星中，最远的是天鹅座的天津四，距离我们有 1300 光年远。它是一颗蓝超巨星，是银河系最明亮的星星之一。如果算上更暗的星，仙王座 ν 是一个不错的候选——它是一颗 4 等星，距离我们 4700 光年。

肉眼能看到的最远的天体

人类肉眼可见的最远的天体是著名的仙女座大星系。在天气晴好没有光污染的地方，仙女座大星系看起来就像一个小小的朦胧的光斑。而实际上，那是一个拥有比银河系更多恒星的庞大星系，距离我们大约 250 万光年。

看向银河系以外

当麦哲伦船队航行在南半球狂风中的大海上时，他们也发现了北半球人们不曾见过的星空——南天星空。他们发现在银河之外还有两朵如云一般的亮区悬浮在夜空之中，并为它们起名：大、小麦哲伦云。

实际上，那是银河系的两个伴星系，距离我们十多万光年。如果你到南半球旅行，一定要找找它们哦！

遥远的类星体

有一种天体看上去像是恒星，但距离我们几十亿光年，它们叫作类星体，实际上是非常暴躁的星系核心。最著名的类星体是 3C 273，位于室女座，亮度只有 12.9 等，距离我们 24 亿光年，要想看到它，需要一个很大的望远镜才行。

形形色色的星群

释放想象力

恒星在夜空中组成了很多有意思的图案，它们虽然不是星座，但比星座更形象、更有趣，简直是让想象力驰骋的乐园。这些图案我们称为星群，最著名的星群就是北斗七星，它是大熊座的一部分。星群不仅可以由天文学家命名，也可以由你来命名。如果你发现了新的小星群，别忘了分享给你的朋友。

散落的珍珠项链

在鹿豹座的肚子部位，有 20 多颗星星排成一条直线，就像一条珍珠项链，它还有个名字叫甘伯串珠。

衣架星团

当你用双筒望远镜沿着天鹅座的大十字向南扫过银河时，会经过一个十分形象的星群——衣架星团。它位于夏季大三角里，天鹅座的辇道增七南边 8° 左右的地方，是天文爱好者最喜欢观测的目标之一。

正反问号

天空中有两个很形象的问号。一个是著名的狮子座反问号，它又大又明亮。另一个“标准”的小问号，隐藏在鲸鱼座头部的五边形中。

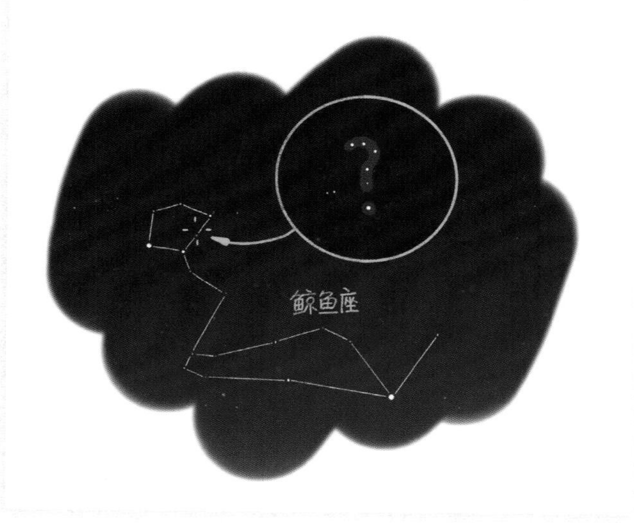

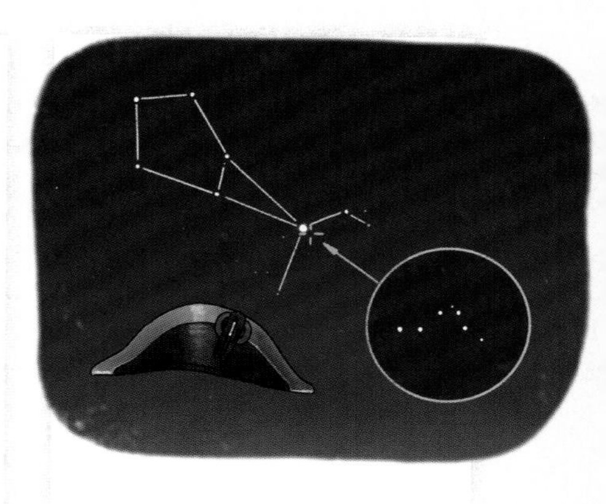

拿破仑的帽子

这顶大帽子，非常像骑在马背上的拿破仑的帽子。它很好找，就位于大角星的南边一点点。

－3

在麒麟座中有一个让人忍俊不禁的小星群，它看上去简直就是用笔写出来的“－3”，相信你第一次看它时会笑出声来。它不是很亮，需要在没有光污染的地方用双筒望远镜寻找，从大犬座 θ 开始，向北移动 2°，就是“－3”星群了。

天空中划过的亮点

飞机

天渐渐暗下来，当你仰望星空时，经常会发现一些快速移动甚至一闪即逝的亮点。多数人把它们认作流星或彗星，其实有好几种可能性，最常见的就是飞机。识别飞机很简单，它速度很稳定，并且伴有机翼上一闪一闪的红色或绿色的灯光。

天还没黑时，经常看到飞机拖着被阳光照亮的“尾巴”，像彗星一样。只要观察一会就会发现，它渐渐飞远，消失了。

国际空间站

如果一颗亮星匀速从天空中划过，速度有点像飞机，但是不闪烁，那很有可能就是国际空间站。国际空间站在傍晚或凌晨从天空经过时，会被太阳照亮，亮度超过所有的恒星，甚至超过木星。再看到它时，挥挥手和上面的宇航员打个招呼吧！

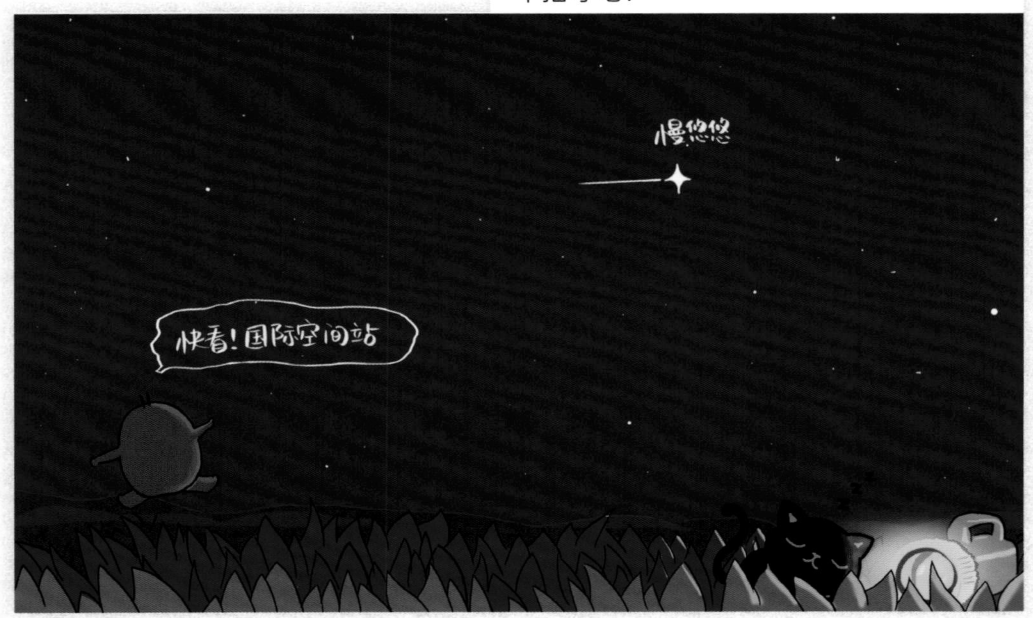

人造卫星

在地球轨道上有很多东西在飞：卫星、望远镜、耗尽燃料的火箭、飞行器的碎片等。其中很多在被太阳照亮时，在地面上就能看到。它们看起来就像移动的普通恒星。如果你留心的话，在一夜时间里可以看到几十颗人造卫星，甚至更多。

流星

真正的流星比前面提到的物体运动都快得多，有的只持续 1 秒，有的一闪就不见了。

风筝

如果亮点在天空中飘来飘去，一直不消失，有的还闪烁着鲜艳的颜色，那它很可能是一只风筝。

幻彩极光

极光

极光是地球上最特别的风景了吧！太阳打一个“大喷嚏”，带着一大群带电粒子奔向地球，在地球磁场的作用下集中在南北极附近，与高层大气中的原子、分子发生碰撞，就产生了绚丽的极光。

极光原理打油诗

电子围着核心绕，离核越远能越高。
外来能量不得了，打得电子向外跑。
高能电子不稳定，释放能量回轨道。
放的能量去哪里？变成光线来闪耀。

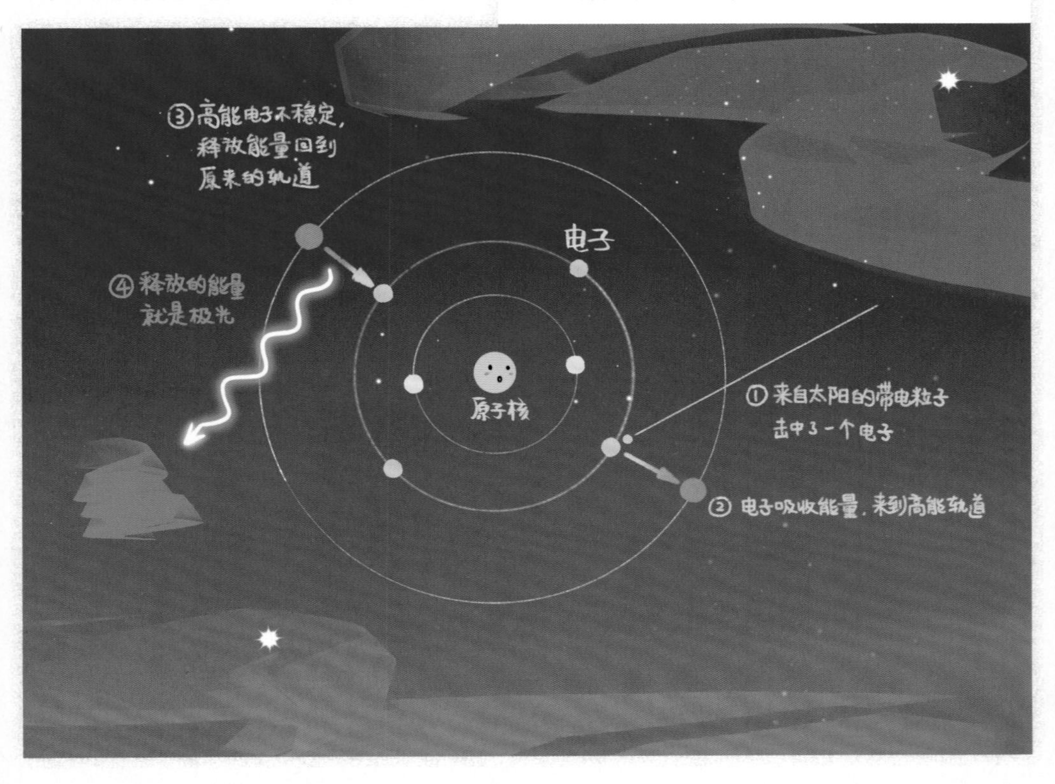

极光的颜色

极光最常见的颜色是绿色，其次也有红色、蓝紫色等。它们是由不同高度的氧、氮发生电离产生的。氧元素电离产生最常见的绿色以及部分红色极光，氮元素电离则产生蓝紫色极光。

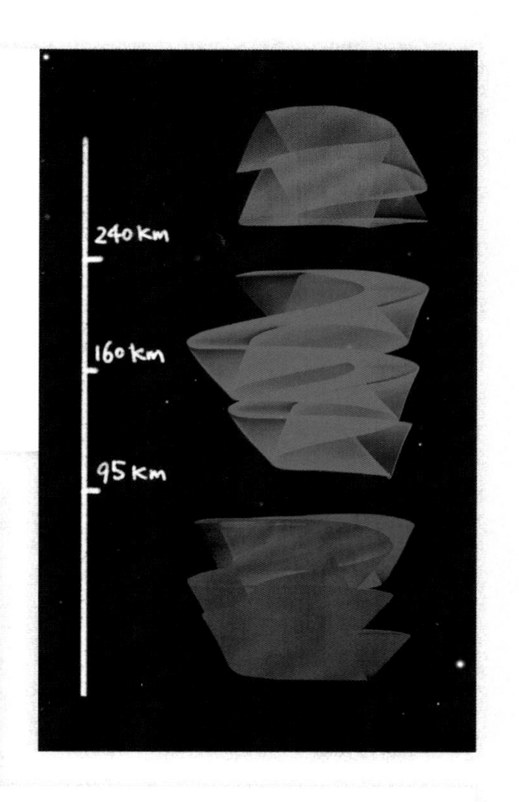

看极光的地方

极光只出现在两极，所以想要看到极光，我们需要去纬度比较高的地方。但是很不巧的是，地磁的两极和地理的两极有几度的偏差，这一偏，正好就远离中国了。在中国境内，即使到最北边的漠河、阿勒泰等地区，也很难很难看到绚丽的极光。看极光最好的地方，是美国的阿拉斯加、加拿大、格陵兰、北欧，以及南半球的新西兰和智利南部等。

挪威・麝牛

奇异的夜空微光

黄道光

黄道光比较常见。在完全黑暗的天空中，地平线附近沿着黄道方向的微光，就是黄道光。这是黄道面附近的尘埃被太阳照亮形成的。春分前后傍晚的西方，和秋分前后凌晨的东方，黄道光从地平线直冲天空，更容易看到，用相机拍摄下来更加明显。

对日照

在黑暗的夜晚，黄道上正对着太阳的位置，还会有一个小小的亮区。这个亮区也是由于黄道上尘埃反射阳光而形成的，称为对日照。对日照比黄道光更加暗淡，需要在几乎没有光污染的地区才能看到。

红色精灵

这种现象极难捕捉，它是一种高空大气放电现象，常出现在远方的积雨云上方，形似一群水母。由于出现时间还不到 1 秒，可以说一闪即逝，所以肉眼很难看到，通常是摄影师从拍摄延时摄影的素材中发现的。

气辉

大气辉光，简称气辉，是一种全球都可见的大气发光现象。它是高层大气吸收了太阳辐射而发光的现象。气辉看起来有点像极光，原理上也有相似之处，但亮度上相比极光要暗淡得多。我们用肉眼几乎看不到气辉，但在长时间曝光的照片中，气辉通常显现出绿色或红色等绚丽的色彩。

奇怪的光斑

我们还经常在照片里看到一些奇奇怪怪的光点。比如，太阳旁边出现了另一个“太阳”，云层中出现了不明的移动光斑……它们是UFO吗？一般来说，都不是。有可能只是因为你隔了双层玻璃拍照，或者镜头里面多层镜片有反光的效果，把明亮的光源反射出了“鬼影”。还有一种可能，就是城市里的探照灯，或者某些特殊设备的激光照射到了云层上，看起来就是一道不明的移动光斑啦。

隐藏在黑暗之中

银河系中心的大黑洞

天文学家推测在银河系的中心有一个超大的黑洞，但是因为它太遥远了，同时被星际尘埃阻隔，我们看不到它。你每次望向人马座方向最明亮的银河中心时，应该知道，黑洞就在那群星的后面。

黑洞照片

2019 年，天文学家公布了人类拍摄的第一幅黑洞照片。那是位于 M87 星系（梅耶西天体中的的第 87 号天体）中心的巨大黑洞，环形的亮光来自黑洞周围的吸积盘。

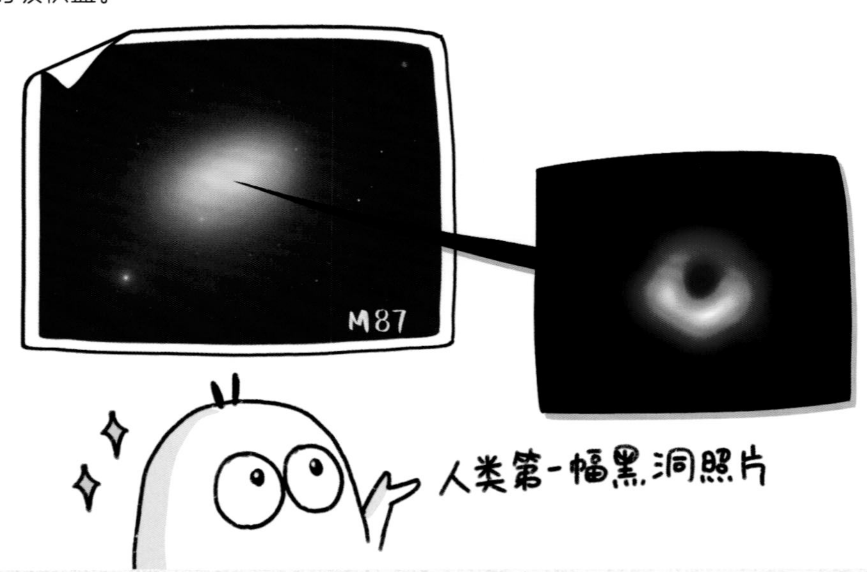

用床单模拟空间弯曲

你需要

①有一定弹性的床单

②重的大球（柚子或西瓜也可）

③若干小球（乒乓球最佳）

黑洞是广义相对论推论出的一种天体。广义相对论告诉我们，物质使得空间发生弯曲，而弯曲的空间引导了物质的运动方向。

我们可以通过下面的实验模拟空间弯曲。

1. 几个人拉住床单的四角将其伸展开，代表平直空间。

2. 将大球扔到床单上，床单瞬间凹陷下去，代表大质量物体引发空间弯曲。

3. 将小球以随机方向随机速度扔到床单上，观察它经过大质量物体附近时发生什么样的运动。

看见黑洞的迹象

我们用小望远镜一个黑洞都看不到，但是能看到一些黑洞的迹象。比如，位于天鹅座的 9 等星 HDE 226868 旁边，就有一个小小的看不到的黑洞。但我们能在望远镜中看到，恒星表面的物质正在被黑洞吸引，落入黑洞里。

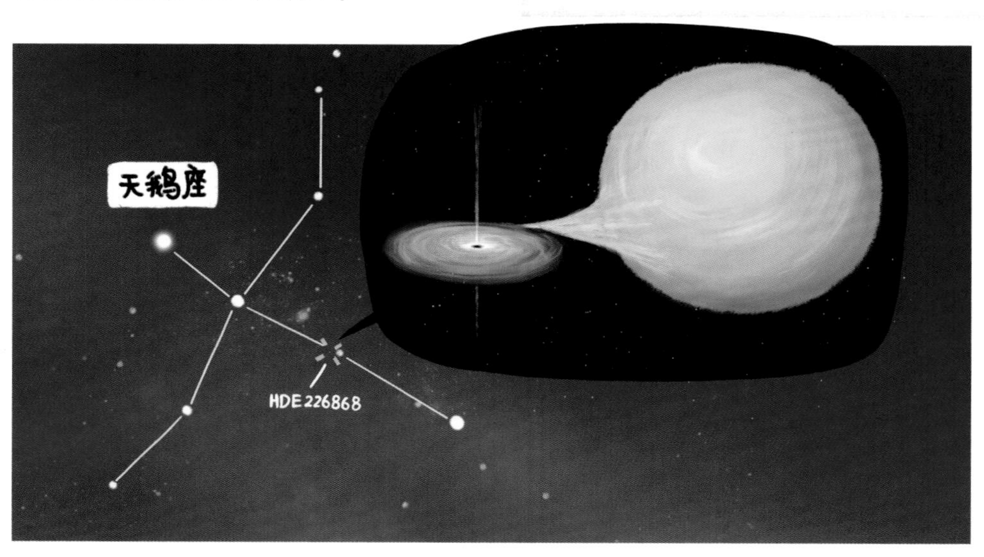

用多种感官了解宇宙

穿透云雾的红外线

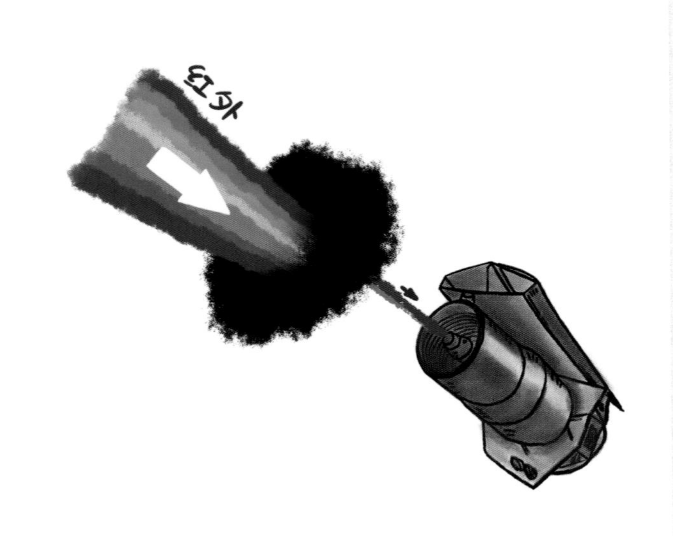

虽然我们看不到暗星云背后的天体，但是红外线能穿透尘埃，因此用红外望远镜就能让暗星云变得透明。天文学家就是用红外波段研究暗星云后面的天体的。

聆听宇宙的声音

宇宙当中充满了各种各样的无线电波，它们有一些是宇宙大爆炸时就留下来的。用一个带调台旋钮的收音机，调到一个没有频道的波段，在噪音中，就有一部分来自最早期的宇宙。

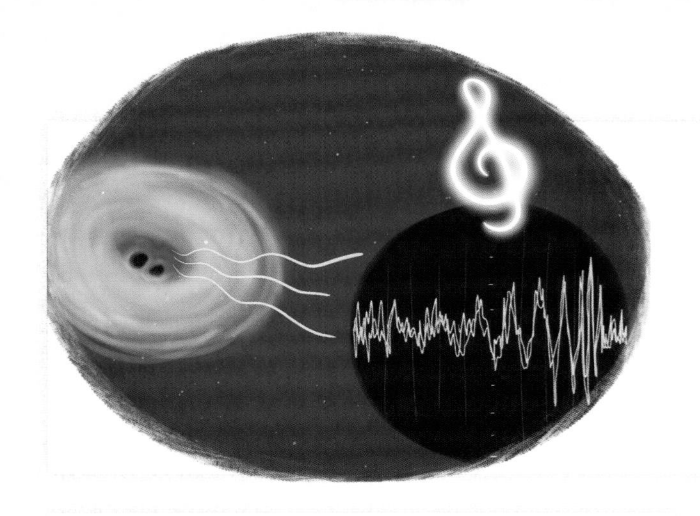

“听到”引力波

引力波是广义相对论预言的一种波。2016年，人类宣布首次直接探测到了来自一对黑洞发生并合产生的引力波信号。

有趣的是，人们检测到的引力波信号，频率正好在人耳能听到的声波范围内。所以，有爱好者就按照引力波的波形，转化为声波做成音频放给人们听，仿佛能听到亿万光年外传来的渺远的声音。

用中微子给太阳拍照

中微子是基本粒子的一种，它几乎没有质量，以接近光速运动，与我们常见的物质极少发生相互作用。所以，当来自太阳的中微子到达地球时，可以毫无阻滞地穿过“透明”的地球。

科学家们用巨大的重水池子来“捕捉”中微子。有趣的是，因为中微子能透过地球，所以即使在晚上，也可以接收到来自太阳的中微子。也就是说，晚上也能给太阳“拍照”啦！

8

走，去观星！

寻找观星地点

躲避光污染

远离都市和城镇的灯光，欣赏银河不是梦。即使在北京这样的大城市，只要驱车向郊区开 1 ~ 2 小时，就可以来到能看到银河的地方。如果在山区，上到山顶也更容易看到银河。

光污染地图网站（如：www.DarkSiteFinder.com）能够查询全球的光污染情况，你可以放大地图，看看离你最近的深蓝或黑色区域在哪里，到那里去就能欣赏银河了。

露营观星

天气暖和的季节，选一个天晴的日子，在高山或草原上找一片草甸露营，夜晚便可以欣赏星空到深夜。累了就钻进帐篷睡个觉，早上还能看美丽的日出。这真是美好又时尚的观星方式。

在城市里观星

城里虽然光污染比较严重，但也能找到一些能避开光害的地方，比如高楼的楼顶、学校的大操场、公园里的大草坪和湖边等。虽然城里看到的星星不多，但最亮的那些恒星、行星也是很容易看到的。城市里的许多地标性建筑，也会为观星增添一丝趣味。你可以找合适的位置，看月亮或行星从远方的电视塔顶落下，或者在公寓的天井中看木星伴月投射进来，这些都是很有意思的事情呢。

根据天象找地点

有些天象对观测地点的要求比较高，比如日全食、日环食、月掩星等，只能在特定的位置才能看到。还有些天象只发生在日出前或日落后的低空（比如金星、水星相关的天象），那么你就需要提前找好东边或西边开阔无遮挡的地点。

在农家院观星

农家院大多在郊区，远离大城市的光污染，还有吃有住，在这里观星也是一个不错的选择。你要选择一个视野开阔的农家院，最好能登上屋顶，必要时可以请主人关掉院子里的灯。

观星的好时机

昼夜有长短

夏季的夜短，冬季的夜长。夏夜的温度虽然较为适宜，观星相对舒适，但只有 3 ~ 4 个小时的黑夜，高纬度地区黑夜时间更短。冬季正好相反，黑夜时间长达 8 小时以上，却非常寒冷。

月明星稀

月光是观星的大敌。满月或凸月会把天空照亮，一些暗星和深空天体就看不到了，因此不适合观星和摄影。观星者都会选择农历的月初或月底出门观星，此时的月相较小，很快就落下去，或天亮前才升起来，整夜都没有月光的干扰。

选择观星日期

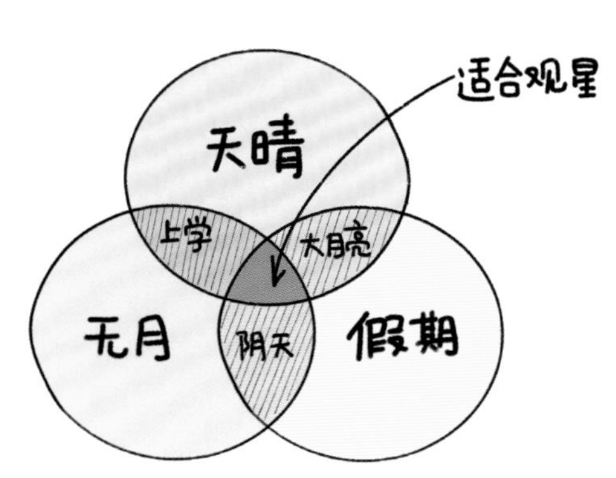

制定观测计划时，首先应该考虑天气、月光和假期的因素：阴雨、大风天气都无法观星；宜选择无月夜，也就是农历的月初或月底；学生或上班族，通常只能利用周末和假期出行。看来，看星星还挺不容易的哦！

提前为天象做安排

不是所有的天象都能自动发生在周末。如果好看的天象“不幸”落在了工作日，那就需要提前请假做好准备了。比如，日食、月食可以长期预报得非常精确，并且发生的过程就在一天之内，你可以提前很久就把假期安排好；流星雨虽然也能长期预报，但它往往会持续两三天都能观测，那么选择哪天天气更合适，恐怕就只有事到临头才知道啦。

等待一个好天气

查询天气

很多天气预报网站都能查询 7 天之内的天气，当然越临近的日期天气预报就越准确。天文爱好者常用的是晴天钟（www.7timer.info）和 Windy（www.windy.com），它们能提供比较可靠的观星指导信息和云图。

看云识天气

除了看天气预报之外，“看云识天气”也是一项挺有用的技能。“朝霞不出门，晚霞行千里”，傍晚出现的火烧云往往预示着夜里放晴。早上出现的浓雾可能代表即将拨云见日。午后出现絮状高积云的话，如果正好遇上水汽充足，可能傍晚的观星计划就要在大雨中泡汤了。另外，还有“日晕三更雨，月晕午时风”之类的农谚，也可以作为天气变化的参考。

云海“结界”

想观星却乌云压顶怎么办？先别着急，也许你遇上的只是一片浓厚的低云而已。如果离你不远处有方便到达的高山，那么前往山顶也许会是另一番风景：你将白云踩在了脚下，头顶则是一片晴朗的星空。

云海不仅自身很美，还能起到结界一般的作用，把城市和村庄的光污染盖在下面，让星空变得更加爽朗！

有雾霾怎么办

如果天气非常晴朗，却遭遇雾霾，可以去附近的高山上观星。雾霾层的高度是几百至一千米，只要一路向上，就有希望冲破雾霾，看到星空本来的样子。

大风与视宁度

雾霾天的散去，基本上要靠大风“吹”。然而在我们眼中，大风真是功过参半。它虽然可以吹走雾霾，但也会把大气扰动得非常不稳定。这时候你在望远镜里看星星，就会发现星星抖个不停。大气的这种稳定程度，叫作视宁度。视宁度越好，越适合用望远镜进行观测和拍摄。

收拾行囊

观星装备

出门前，按照这个清单检查一下，看看你的装备都带齐了吗？

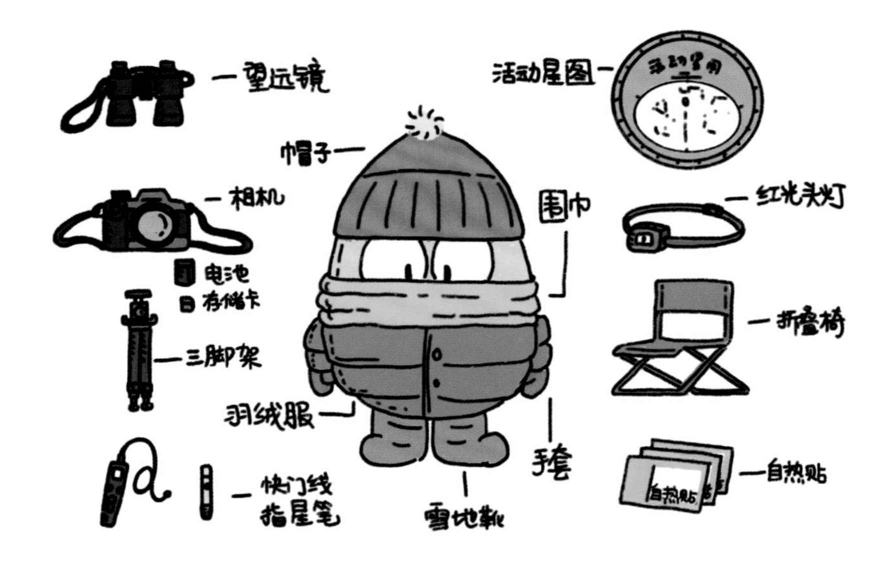

怎样穿才暖和

夏天的夜晚也会比较冷，特别是北方，所以即使白天酷热难当，夜晚观星也要带着长衣长裤。

冬天的夜晚十分寒冷，把你能穿的都穿上吧！羽绒服的里面多穿几层薄衣服比穿一件厚衣服更暖和。需要格外重视的是手和脚的保温，因为四肢末端的血液循环最少，寒冷入侵最为难当。观星时可以穿两层袜子，或者穿厚实保暖的靴子。准备几片自热贴（俗称“暖宝宝”）也是不错的选择，哪里冷贴哪里。

观星眼镜

人的双眼是一对精密的光学仪器，它可以看清几厘米近的东西，也可以看清无穷远处的星空。但是，近视眼就很烦恼了，因为不再能看清远处的东西。通常的近视眼镜，是适合用来观看身边物体的，对于观星来说似乎欠缺了一些火候。如果准备一副比平时度数稍高 20 ~ 30 度的近视眼镜，戴上它欣赏星空，就会收获别样的清晰感。我们索性给它起个名字，就叫“观星眼镜”吧！

夏夜防虫小技巧

夏夜观星时，蚊虫是最恼人的。蚊虫是通过温度和汗味来寻找人体的，保持个人清洁，同时尽量少运动出汗，就能让它们少发现“作案目标”。其次，准备一些防蚊虫喷雾或者驱蚊霜，主要有效成分包括避蚊胺、埃卡瑞丁等；在野外还可以适当用较高浓度的。另外，常备一些局部止痒的外用药，对蚊虫滋扰后的缓解也会有帮助。

带红光的头灯

用头灯替代手电筒和手机照明，能将双手解放出来，非常实用。要选择能够发出红光的头灯，在黑暗环境中，红光对眼睛的影响最小。在查阅星图、调整相机参数时，使用红光照明，既能看清东西，又保护眼睛，非常推荐。

等待夜幕的降临

从日落开始

观星活动从日落时就已经开始了。太阳从地平线落下时的景色非常迷人，柔和的阳光把周围的景物照成金色。

如果能看到地平线，就可以观测一下太阳的蜃景和绿闪现象，这都是低空厚厚的大气层折射阳光形成的。蜃景是太阳形状的奇妙变化。绿闪是在太阳落下去之前的某一瞬间，在太阳顶端出现的绿色光芒，一闪即逝。

维纳斯带

太阳落下去之后，马上向东方看！在东方将沿着地平线出现一抹粉色，这就是维纳斯带。接着，这条维纳斯带的颜色将逐渐变紫、变深，位置也越来越高、越来越宽。维纳斯带的下面逐渐升起一条暗蓝，那就是地球的影子！

天黑的过程

什么时候才算天黑？天文学上对此有这样一些定义：当太阳落到地平线下6°，最亮的星星开始出现，称为民用昏影终；当太阳落到地平线下18°，最暗的星星也能看到了，称为天文昏影终，此时可以认为天完全黑下来了。

与此对应的，在日出前，太阳位于地平线下18°和6°时，分别称为天文晨光始和民用晨光始，对应着最暗的星星开始消失不见和最亮的星星消失不见。昏影和晨光统称晨昏蒙影，或者曙暮光。

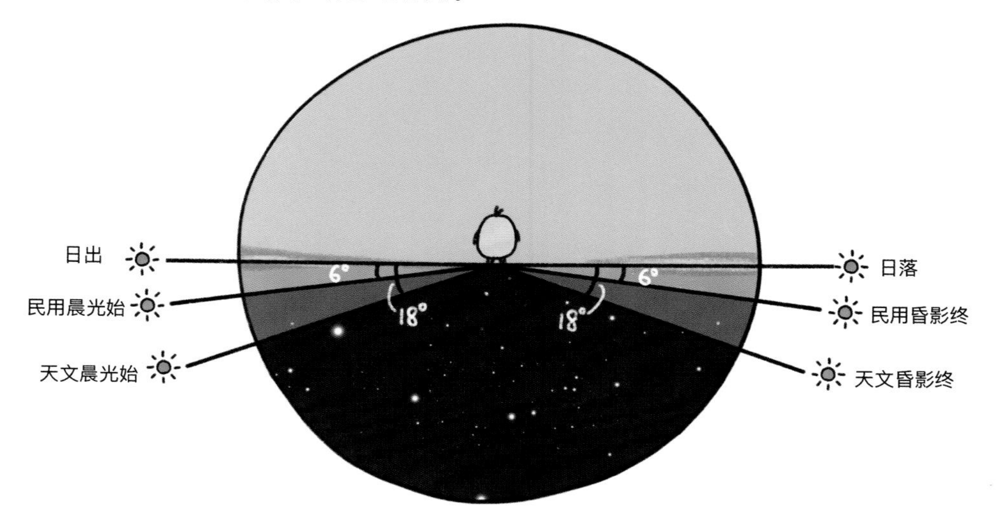

看谁先找到第一颗星

随着天渐渐暗下来，天空中最亮的星通常会最先出现。如果当天金星恰好是昏星，那么第一颗星就一定是金星；如果此时金星不在天上，那有可能是木星，或某颗亮恒星。总会有第一个人发出那声呼喊：“看！那有颗星出现了！”

日落了，比比看谁先看到第一颗星吧。

举办一场星空晚会

制作和发送邀请函

要让一场星空晚会让人印象深刻，就要有点仪式感，邀请函要好好设计和制作，并发到朋友的手上。邀请函上应该包含时间、地点、大致的活动内容，以及大家需要携带的物品。地点是你精心挑选的，有宽阔的平地，远离城市的灯光，还要有水和电等基础设施。

做一个轻松的开场白

朋友们都到齐了，活动开始吧。你应该致一个轻松短小的开场白，欢迎大家的到来，介绍到场的嘉宾，说明今晚观测的主题，祝愿大家尽情享受这个美好的观星之夜。

观测主题

你的星空晚会应该有一个观测主题，比如月亮、行星、深空天体、流星雨等，你可以安排一位专家，在活动开始时为大家讲解如何欣赏今晚的天象。观测不同的天象，需要用到不同的设备，哪一个是今晚最棒的望远镜，让大家见识见识吧！

开始观星吧

星空晚会是一个自由交流的舞台，你可以通过和别人聊天、用大家的望远镜观星获得新知，也可以和好友躺在防潮垫或躺椅上吃吃喝喝，总之尽情享受吧！

五花八门的望远镜

在星空晚会上，很多人都会带来自己的望远镜，堪比一个望远镜的博览会，这是一个了解望远镜的好机会。

在星空下吃喝玩乐

观星吃什么

夜里观星通常会很冷，所以提前吃好一顿晚餐非常重要。一般来说，淀粉为主的米饭、面食会导致短期血糖升高，人也容易犯困，哪还有精神看星星呢？适当补充高蛋白、低糖食物，比如肉、鱼、蛋等，则有助于抵御严寒和在夜晚保持清醒。另外，坚果类也是不错的选择。巧克力吃起来会让人暖暖的，但是往往含糖量也很高，所以不推荐吃太多哦。

最舒服的观星神器

带方桌的脚炉应该是最舒服的观星工具了吧。特别是冬天看流星雨的时候，让脚保持暖和是十分幸福的事情。桌上放着茶点和热饮，随手就能吃喝。全套设备可供四人使用，真是观星神器！

星空下的火锅

观星结束后，来一份热气腾腾的火锅，那简直就是神仙一般的生活了。如果在农家院，有热水供应，那带上普通的方便面或速食火锅就可以啦。如果在野外，又没有条件搭炉灶怎么办呢？现在市场上能方便买到的自热火锅或者自热米饭是个不错的选择，但是要记得把垃圾带走哦。

星空温泉

都说夜里观星很冷，但你有没有想过，泡着温泉观星是一种怎样的体验？没错，现在不少旅游景区都提供了夜间温泉。约上两三朋友，选个晴好的日子，去郊外的温泉里享受热腾腾的观星体验吧！

星空音乐会

一边观星，一边欣赏美妙的音乐，这种听觉与视觉的双重享受可谓无与伦比！如果你和你的朋友还会乐器的话，不妨举办一场“星空音乐会”，在夜空中创作出灵感的乐章。说不定会有一颗火流星划过，那大概就是星空音乐会的最高潮了吧！

旅行观星

在海边观星

我们的目标是星辰大海！在海边观赏星辰是一件乐事，视野开阔，没有遮挡，并且至少海面那一半的区域没有光污染；但是，海边湿度大，经常会出现白天还是大晴天，夜里却起了浓雾的情况。所以，如果你决定在海边观星的话，记得查查天气预报，根据风向和湿度来综合判断。

去高原观星

和高山顶上一样，高原也是观星的好地方。因为高原上空气稀薄，大气消光因素降低了很多，光污染的散射也减弱，看到的夜空会更加澄澈透明，星星更加闪亮！高原观星要注意身体健康，夜里观星体能消耗较大，运动更要适可而止。

去天文台址观星

天文台的选址，通常晴天率高、光污染小、平均视宁度佳，还要有一定的便捷可达性。所以，外出旅游时，寻找天文台址作为首选观星地点再好不过了。当然，天文台要承担重要的科研任务，一定记得不要开汽车大灯或使用激光笔，以免影响台内的正常工作。

与古人对话

世界上有很多古代的文化遗迹都与天文观测相关，比如古天文台、观象台等。在这些地方观星，不仅可以亲身体会古人观测的智慧，仿佛与古人对话一般，还可以感受到在亘古不变的星空下，面前的人与物都在发生着沧海桑田的岁月变迁。

在飞机上看星星

想在云层之上、万米高空欣赏没有干扰的纯净星空吗？那就试试在飞机上看星星吧。如果你的航班恰好在半夜，而且是无月夜，就可以在飞机上看星星了。要注意两点。一是选择靠窗的座位，并且要尽量靠前或者靠后，避开机翼。二是用毛毯或衣服把自己罩起来，隔离机舱内灯光的影响。然后，就可以看到星星了！

观星的正确姿势

躺下观星

如果长时间站着仰头观星，这样脖子很快就会受不了。正确的姿势应该是躺在躺椅或防潮垫上。注意保暖，即使是夏天的夜晚，后半夜也会有些冷，要盖一条薄毯。

星图和星图 app

星图是观星者的必备。市场上可以买到多种星图，有简单实用的活动星图，也有详细的专业星图。随着智能手机的流行，很多星图 app 也能够帮助观星者认识星空，比如安卓平台的星图，和 iOS 平台的 Star Walk、Sky Safari 等。但也要注意，手机屏幕的亮光会影响视力，每次看手机之后都需要一段时间恢复。这是个不容忽视的弊端，因此多数有经验的观星者并不喜欢使用手机上的 app 查看星图。

使用活动星图

活动星图是历史悠久又简单实用的认星工具。使用的时候，先转动星盘，按照观测的时间，把内圈的时间和外圈的日期对好。然后把星图举过头顶，让星盘上标的方向和实际方向一致，就可以对照星图认星啦。

星图和星空的不同

星图上用星点的大小来表示亮度，越亮的星星就越大。但很多星星挤在面积有限的星图里，就显得非常拥挤，甚至有些亮星互相挨在了一起。而事实上，它们在星空中分得很开。很多人刚开始使用星图时找不到星座，但只要了解到这一点，适应了之后，就能熟练使用了。

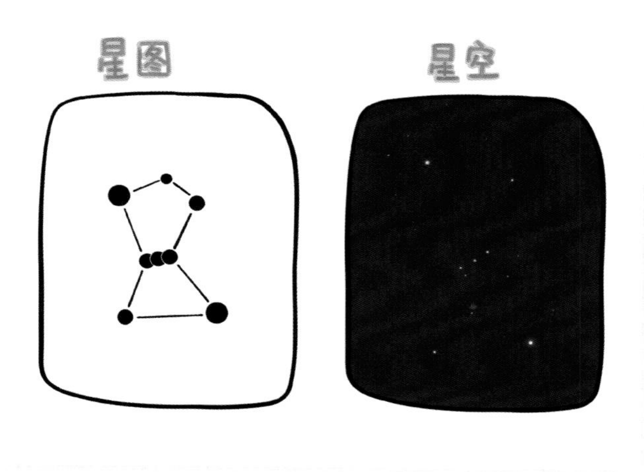

注意夜行安全

观星的环境通常是黑暗的，有时候还会去野外、湖边或者高楼的楼顶观星，所以在行走的时候千万要注意安全。可以用红光头灯照明，或者用手机屏幕对着地面照亮，以防摔倒或者不小心踩到其他躺在地上的小伙伴。场地上可能还会有相机、望远镜，也要注意避开。当你自己架设备时，最好用闪烁的小红灯作为提醒，一般相机、快门线上都有这样的小灯。

赏星小技巧

余光大法

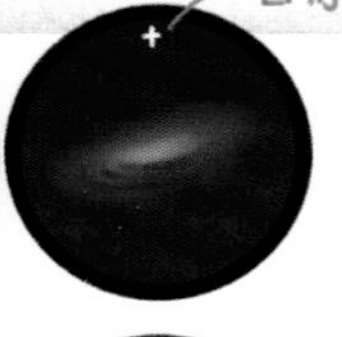

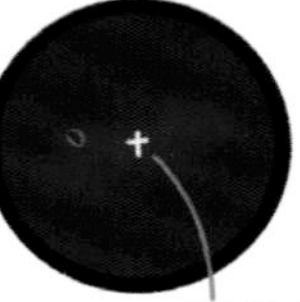

无论是肉眼观星还是用望远镜观测，把目标放在视野的边缘，会有惊喜哦。人眼视网膜四周的细胞对弱光十分敏感，因此在看暗弱的目标时，用余光看，会更亮、更清楚。另外，用上下余光比左右余光效果更好哦~

适应黑暗

从明亮的环境来到黑暗的环境，眼睛需要 30 分钟左右的时间才能完全适应黑暗。这个过程很重要，不要着急，等眼睛适应了黑暗再开始观测。观测期间避免再看亮光，因为瞳孔总是缩小得很快，放大的过程却很慢。

使用指星笔

每次用指星笔指星时，都会有人赞叹不已。它像一把激光剑，直刺天空，指点星空，非常实用，也非常酷。在网上很容易买到指星笔，但使用的时候一定注意不要对着人的眼睛照射，会损伤视力；也不要指向天空中的飞机，那样会对飞行员产生干扰。

制作天文手电筒

1. 从红布或红色塑料膜上剪下 10 cm × 20 cm 的一块，对折，形成一个边长 10 cm 的正方形。

2. 用这块正方形红布或塑料膜盖住手电筒的头部，用橡皮筋固定。

夜晚就用这个手电筒照明吧，它能保护你的眼睛免受强光刺激。

你需要

①剪刀

②红布或红色塑料膜

③手电筒

④橡皮筋

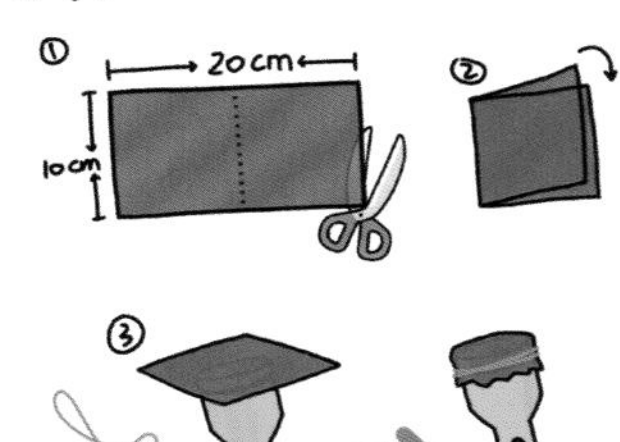

不要喝咖啡和酒

据说咖啡因和酒精能够短暂地削弱视力，特别是喝酒还会影响人的行动。寒冷时喝酒带来的“暖意”其实是人对温度感受的假象，反而会造成更严重的失温。因此，观星时不要喝咖啡和酒。

不要憋气

通过望远镜观测时，有时为了保持身体的稳定，你会不自觉地憋气。但这样做会导致大脑缺氧，让你眼冒金星，至少会削弱你的视力。还是用舒服的姿势观星吧。

测量天空

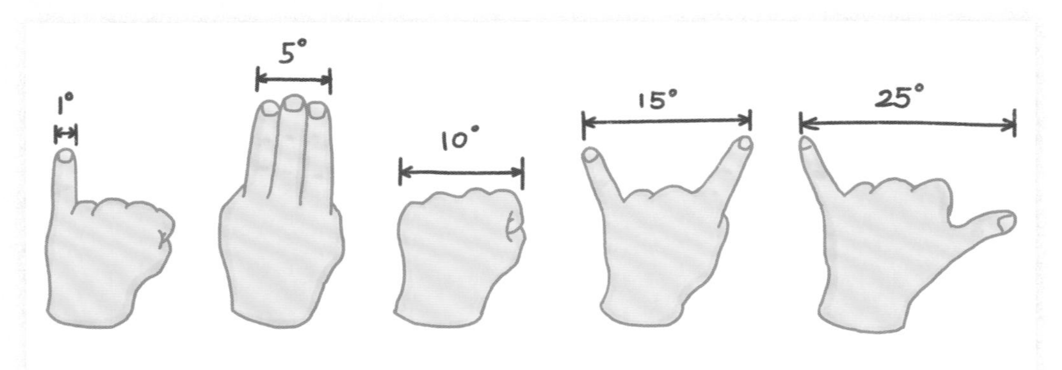

伸出手测量角度

测量天空中的角度非常简单，只要举起手臂就可以了。伸直手臂，参照上面的图变换手指，就能测量天空中的角度，有时候这个方法能帮上你大忙。

方位角与高度角

你怎样向别人描述一个天体在天空中的位置？最简单的方法是用方位角与高度角。伸直手臂，指向正北，然后向右（东方）旋转手臂，直到天体的正下方，手臂转过的角度就叫方位角。然后，保持手臂水平，此时的高度角为0°，向上抬起手臂，直到正好指向天体，手臂抬起的角度就是高度角了。

把这两个数值告诉你的朋友，看看他能否找到你所指的天体。

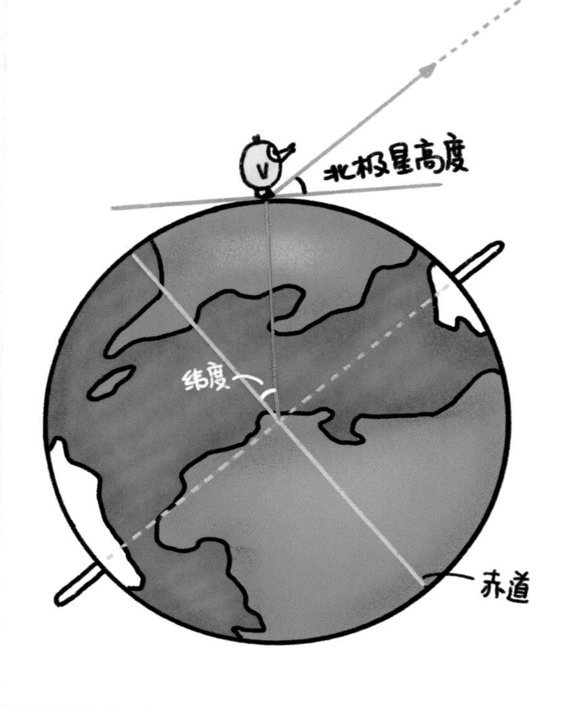

北极星与纬度

北极星的地平高度总是等于你所处的地理纬度。比如你在赤道上（纬度 0°），北极星就正好位于地平线上（高度角 0°）。如果你向北方走，北极星就会慢慢升高。直到你走到北极（纬度 90°），这时的北极星正好在你的头顶（高度角 90°）。

制作简单的高度仪

如果你来到一个陌生的地方，用量角器制作一个简单的测量工具，就能根据北极星的位置算出当地的纬度来。

从量角器的中心垂下一根线，线的末端绑一个重物，这样一根铅垂线就做好了。把量角器的底边对准北极星，读出铅垂线所指的角度，再用 90° 减去这个角度，就是你所在的地理纬度了。

拥有一架望远镜

从双筒望远镜开始

如果你是一个初学者，不妨先买一个双筒望远镜观星。双筒望远镜虽然倍率不高，但视野很大，用它来扫视天空，特别是银河，是很有意思的体验。用双筒望远镜还可以看到很多深空天体。当你领略了星空的魅力，对天空足够熟悉之后，再买天文望远镜也不迟。

双筒望远镜上通常会标注如“8 × 40”的字样，第一个数字代表倍率，第二个数字代表口径。

望远镜的种类

从光学结构上区分，天文望远镜分为折射望远镜、反射望远镜和折反射望远镜。这三种类型各有优缺点，都是天文观测常用的望远镜。折射望远镜光学质量稳定，简单易用；反射望远镜价格低廉，但需要经常调节光轴；折反射望远镜最贵，适合观测行星。

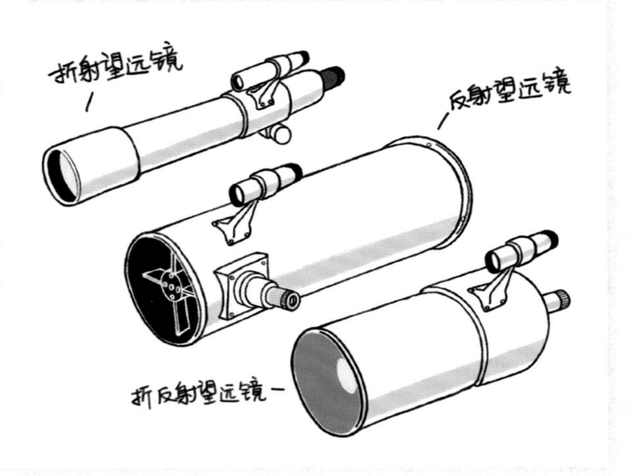

什么样的望远镜好

望远镜要拥有超高的放大倍数才好吗？不是的。过高的倍率只能让图像模糊、暗淡，普通的小望远镜放大100 ~ 200倍就是极限了。选择望远镜时，最重要的参数是口径，也就是望远镜有多“粗”。口径越大的望远镜，就能看到越暗的天体，以及分辨出更小的细节。

支架也很重要

天文望远镜的支架主要有地平式和赤道式。这两种类型都很实用，重要的是要稳定，用料和做工要好。否则再好的望远镜，架在随风颤动的支架上，也不会有太好的效果。

如何选购望远镜

中国很少有线下店能供人现场咨询和挑选天文望远镜。在网上买一个望远镜很方便，但要注意避开一些陷阱。几百元的天文望远镜只是个玩具，使用体验很不好，不推荐购买。初学者可以买一个折射望远镜配上结实带微调的地平式支架。如果你想用望远镜摄影，就要特别注意望远镜的光学质量，支架也要选择稳定结实的赤道仪。

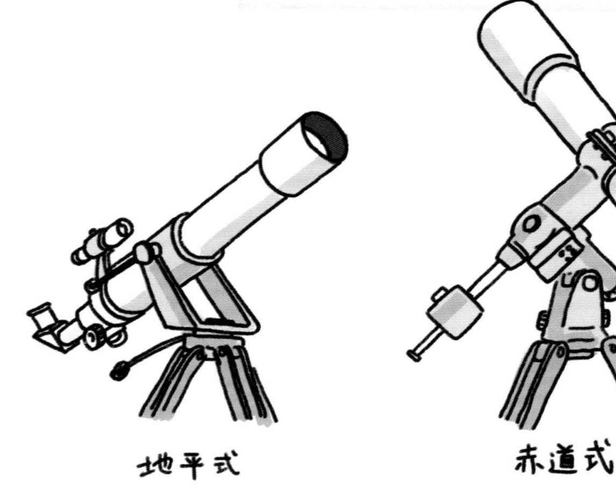

用望远镜看星空是怎样的体验

怎么是反的

如果你在白天用天文望远镜看景物，会发现望远镜中的视野是反的。是的，天文望远镜不适合白天使用。而夜晚观星时，我们不会太在意视野中星星是否成了倒像，只要看清目标就可以好好欣赏了。

镜像的月亮

通常我们会使用天顶棱镜观星，这让我们的姿势更加舒服。天顶棱镜是一块反射镜，它把原本颠倒的景物的上下方向正了过来，但左右仍然是反的。因此，在望远镜中看到的月亮，是左右镜像的。

用望远镜看天体

我们在网络上常见的深空天体图片十分漂亮，但在望远镜中肯定看不到那种程度的美妙景像，这一点要有心理准备。但如果你的望远镜口径足够大，比如大于 20 cm，也能看到相当壮观的细节，这就是天文爱好者们乐此不疲的原因。

我什么都没看到

很多人第一次用望远镜看深空天体，都觉得什么也没看到。这不仅和心理预期有关，也和练习有关。只有多看，你才知道如何去看、看什么。每一次观测都有新的体验，这也是观星的乐趣之一。观星是一项需要练习的活动。

为什么望远镜无法放大恒星

当你用望远镜看恒星（太阳除外）的时候，却发现，再怎么放大恒星也仍然是一个光点，没法看到圆面。这是为什么呢？

这其实只能怪恒星的视直径太小啦！在充足光线下，人眼的可见光分辨率大约为 1 角分。对于金星、木星而言，放大 10 倍就足以让人眼分辨出圆面了。而即便是视直径最大的那些恒星，比如参宿四，也至少要放大 2000 倍才能看出来，其他恒星甚至要放大一万倍才能看出形状来。这对家用的小型望远镜来说，可真是无能为力了。

望远镜使用小技巧

不要透过窗户使用望远镜

冬天外面好冷，把望远镜架在屋里，打开窗户观星岂不很舒服？其实这样观星的体验并不好，屋里的热空气会不停地向窗外流动，就像看夏天的柏油马路一样，空气抖个不停，任何目标都看不清楚。

天顶棱镜让你更舒服

天顶棱镜相当于一块小平面镜，很常用，它可以把光线反射 90°，让你观测的姿势更舒服。

使用寻星镜

寻星镜是望远镜身上“背”的那个小望远镜，它的作用是帮助你快速寻找目标。它的倍率小，视场大，只要把目标放在寻星镜的中间，再在主镜中看，目标也正好在视野中呢。当然，前提是要把寻星镜和望远镜调到完全平行。

调平衡很重要

这一点非常容易被忽视，实际上很重要。使用赤道式的支架时，在观测之前，一定要把两个轴都调好平衡，也就是当松开两轴时，望远镜可以在任意位置保持稳定。

星星越小越好

无论是目视还是摄影，都必须先把望远镜调好焦。调好焦意味着目标是清晰的，判断方法差不多，就是把视野中的星点调到最小。如果是摄影，就用相机的实时取景功能，让一颗中等亮度的星出现在液晶屏的中央，然后放大，将星点调至最小，就调好焦了。

望远镜升级玩法

Goto 望远镜

现在很多天文望远镜都能用一个手柄控制自动指向天体并自动跟踪，这种设备叫作 Goto 系统。Goto 系统很方便，但也让我们越来越懒。如果你是初学者，还是建议你手动寻找目标，这样才会对星空越来越熟悉。寻找目标的过程本身也充满乐趣，更能带来惊喜和成就感。

制造人工星芒

一些反射式望远镜拍摄的星星照片，带有十字星芒，这是由于副镜支架的衍射效果形成的。折射望远镜就拍不出这样的星芒，但是我们可以人工制造出漂亮的星芒，只要在望远镜前粘上两根线就可以了，甚至还可以按照图中的方法制造出六星芒、八星芒。

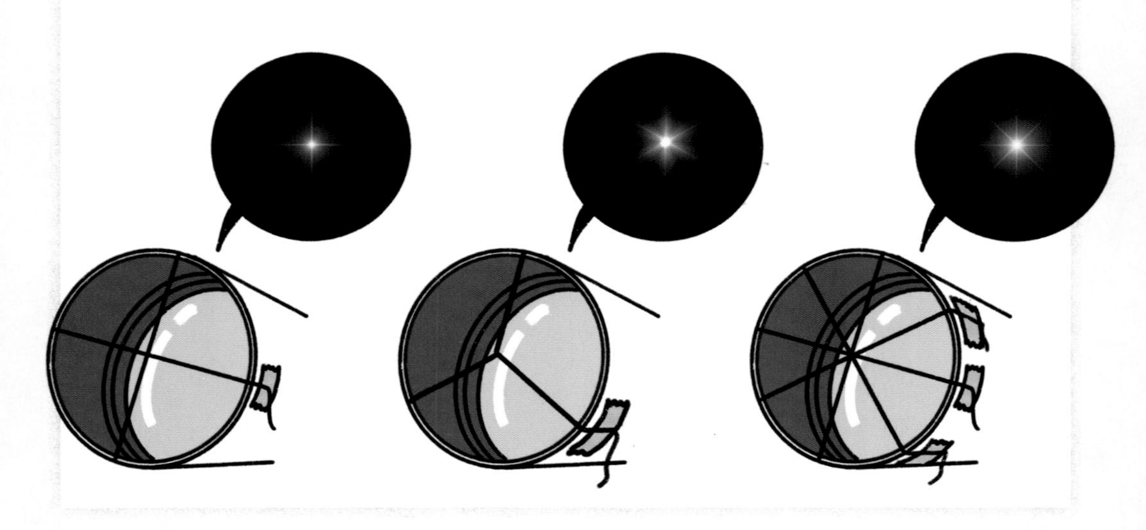

用望远镜巡天

巡天，听起来很酷吧！它的意思是用望远镜按照一定的规律扫视天空，以保证不错过任何一个角落。比如先转动望远镜的方位轴，横向扫描，然后纵向移动不超过一个视场的距离，再向反方向扫描，以此类推，画出长长的蛇形。天文爱好者就是用这种技术来寻找彗星的。你也可以用这个方法扫视银河，那里有很多深空天体，在银河里巡天乐趣无穷。

建造小型天文台

如果你家远离城市，并且有一个院子或露台，就可以建造一个小型天文台了！现在市场上有简易的圆顶，可以为你量身定制。把你的望远镜固定好，接上电源和电脑，用圆顶保护起来，就免去了搬运的烦恼，观星也舒适多了。

使用公众远程天文台

全世界已经有很多业余天文台向公众提供远程开放服务，身在北半球也能观测南天的目标。你只需要访问它们的网站，根据相关说明注册、培训，就可以申请机时拍摄啦。

拍摄星空

用手机拍星

很多手机都有手动功能，可以调节曝光时间和焦距。用它来拍星，又简单又方便。你需要一个手机和三脚架相连的支架，固定住手机。把焦距调到无穷远，曝光时间调到 30 秒以上。对准星空来一张吧！

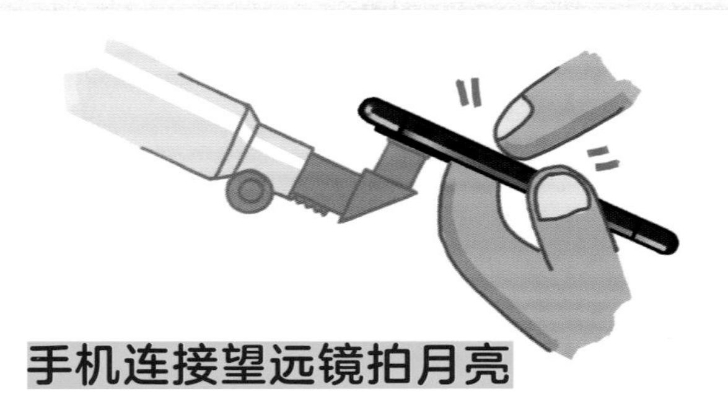

手机连接望远镜拍月亮

望远镜中的月亮好美，用手机拍下来就好了。这不难，只要把手机的镜头对准目镜就可以拍下大月亮了。注意手机要贴紧目镜，拍摄前，用手指轻触一下屏幕中的月亮，让手机完成自动测光，再按快门就大功告成。

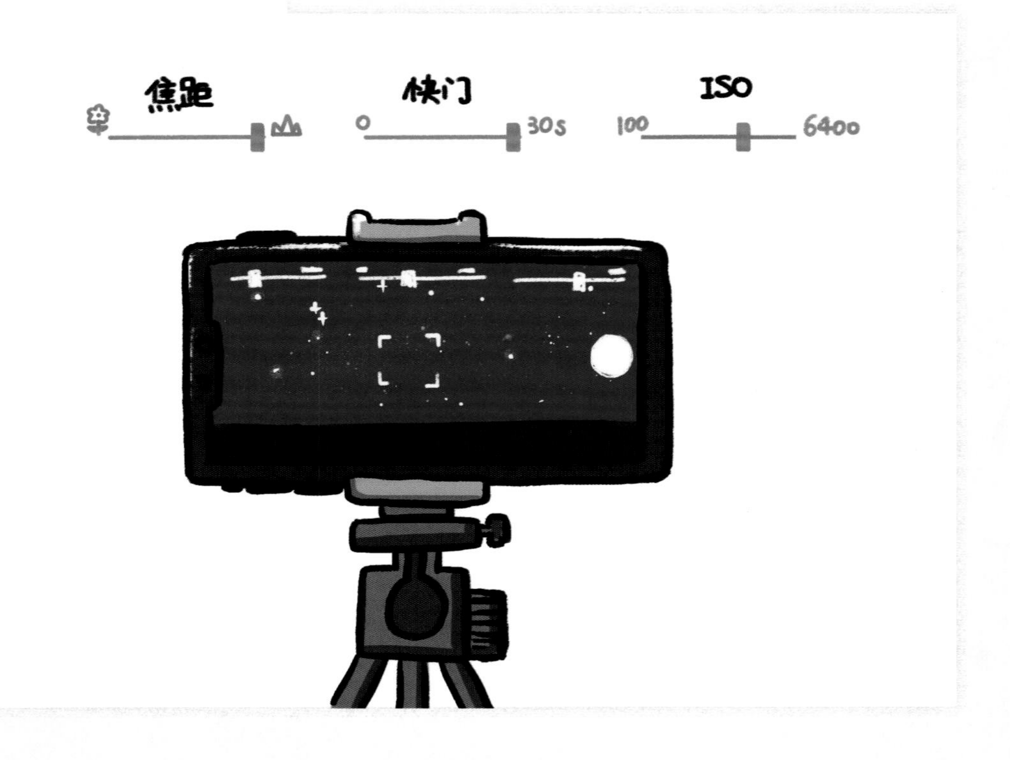

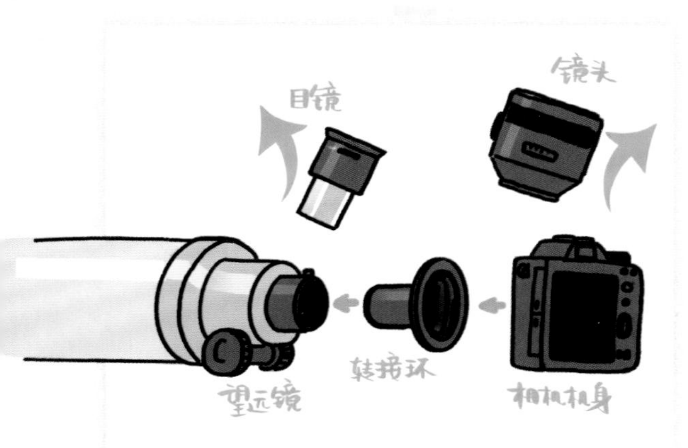

单反相机连接望远镜

把单反相机的机身连接到望远镜上，就可以拍摄到画质更好的照片。相机与望远镜之间需要一个转接环，购买望远镜时可以咨询商家，选购适合你相机的转接环。

跟踪星星

由于地球的自转，星星一直在天上移动，如果曝光时间太长，拍下来的星星就不是一个星点，而是拖成一条弧线，这就是拖线。要解决这个问题，就要使用赤道仪。它可以精确地跟着星星走，这样就可以实现超长时间的曝光而不会拖线了。为了拍清楚暗弱的星云，通常要曝光几分钟甚至几个小时。还有一种星野赤道仪，轻便易用，适合用广角镜头拍摄星空。

最早的人类就会观星了，直到今天，
无垠的星空依然吸引着我们的目光。
只要我们还生活在这个星球上，观星
就不会成为历史。

观星很酷，躺在星空下尽情欣赏它，
就十分满足了。观星还不容易迷路，
星星能告诉你时间和方位。

观星很简单，只要你把星星当作朋友，它们就不会辜负你。这就收拾行囊，和我一起去看星星吧！

图书在版编目（CIP）数据

天文迷的星空大发现 / EasyNight 著 . -- 长沙：湖南科学技术出版社，2021.3

ISBN 978-7-5710-0896-3

Ⅰ . ①天… Ⅱ . ① E… Ⅲ . ①天文学－普及读物 Ⅳ . ① P1-49

中国版本图书馆 CIP 数据核字 (2020) 第 271872 号

TIANWENMI DE XINGKONG DAFAXIAN

天文迷的星空大发现

作　　者：EasyNight
策　　划：北京地理全景知识产权管理有限责任公司
策 划 人：陈沂欢
出 版 人：张旭东
策划编辑：乔　琦
责任编辑：李文瑶
特约编辑：曹紫娟
营销编辑：唐国栋　王思宇
装帧设计：李　川　王喜华
特约印刷：焦文献
制　　版：北京美光设计制版有限公司
出版发行：湖南科学技术出版社
经　　销：新华书店
地　　址：长沙市湘雅路 276 号
　　　　　http://www.hnstp.com
湖南科学技术出版社天猫旗舰店网址：
　　　　　http://hnkjcbs.tmall.com
邮购联系：本社直销科 0731-84375808
印　　刷：北京华联印刷有限公司
开　　本：720mm×1000mm　1/16
字　　数：100 千字
印　　张：11.5
版　　次：2021 年 3 月第 1 版
印　　次：2021 年 3 月第 1 次印刷
书　　号：ISBN 978-7-5710-0896-3
定　　价：78.00 元